全民学编程之
Java 篇

一本人人都看得懂的编程书

汪泳 著

电子工业出版社
Publishing House of Electronics Industry
北京·BEIJING

内 容 简 介

这是一本非常有趣的计算机编程普及书。

全书通过浅显易懂的生活化事例、娓娓道来的谈话式文字和生动活泼的漫画风插图，把枯燥乏味的计算机编程学习变成了一次轻松愉悦的阅读体验。

本书将带领你，从开始编写你的第一行代码，到完全学会独自编写自己的计算机程序；从对计算机编程感到好奇，到完全理解计算机编程思维。

这本书不仅会让你学会一项新的技能，还会让你更深入地理解这个计算机时代，甚至彻底改变你思考问题的思维方式，让你用一种全新的视角去看待问题。

你可以在茶余饭后阅读它，慢慢体会作者的精心创作，也可以把它放在案边作为一本工具书。

未经许可，不得以任何方式复制或抄袭本书之部分或全部内容。
版权所有，侵权必究。

图书在版编目（CIP）数据

全民学编程之Java篇：一本人人都看得懂的编程书/汪泳著. —北京：电子工业出版社，2019.11
ISBN 978-7-121-37369-5

Ⅰ.①全… Ⅱ.①汪… Ⅲ.①JAVA语言–程序设计 Ⅳ.①TP312.8

中国版本图书馆CIP数据核字（2019）第200139号

责任编辑：吴宏伟
印　　刷：天津嘉恒印务有限公司
装　　订：天津嘉恒印务有限公司
出版发行：电子工业出版社
　　　　　北京市海淀区万寿路173信箱　邮编：100036
开　　本：787×980　1/16　印张：10.75　字数：258千字
版　　次：2019年11月第1版
印　　次：2019年11月第1次印刷
定　　价：59.00元

凡所购买电子工业出版社图书有缺损问题，请向购买书店调换。若书店售缺，请与本社发行部联系，联系及邮购电话：(010) 88254888，88258888。
质量投诉请发邮件至zlts@phei.com.cn，盗版侵权举报请发邮件至dbqq@phei.com.cn。
本书咨询联系方式：(010) 51260888-819，faq@phei.com.cn。

序

2019年，偶遇一位久未谋面的朋友。寒暄一番后，聊到了工作上的事情。他告诉我，他的工作每天要处理很多表格，重复但又很重要。当他得知我从事编程工作后，饶有兴趣地问我，能不能请我编写一个电脑程序，让电脑来帮助他处理工作中的表格。我欣然接受了他的请求。

几天后，我把编写好的电脑程序发送给了他，他对我百般感谢。用自己擅长的技能帮助别人是一件很愉快的事。

又过了几天，这位朋友再次找到我。他告诉我，我帮他编写的电脑程序真的太厉害了。自从他使用了这个程序，他就从每天重复的处理表格中解放了出来。他不仅可以轻松又准确无误地完成表格处理的工作，还可以有更多的时间去做其他重要的事情。

"编程真的能提高生产力！"他半开玩笑地说。随后，又很认真地问我："我也想学编程，有什么好的图书推荐吗？"我向他推荐了一些我自己觉得不错的入门级编程书。他看完以后一脸苦恼，对于完全没有任何电脑基础的他来说，这些入门级的编程书都太难了。没过几天他就开始打退堂鼓了。

于是，我萌生了写一本人人都能看得懂的编程书的想法。

编程，其实并没有想象的那么高深莫测，也并不是只有专业人士才可以掌握的技术。编程，就是人和电脑的交流。用人和电脑交流的角度去看待编程、学习编程，你就会发现编程其实特别简单，也十分有趣。

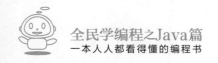

  这本书是我多年从事编程工作总结出的学习经验和核心要点。也许它的内容并不全面，但是对于想要入门的人来讲，只要学习这些就够了。我不想详细、系统地向你讲解编程的基础理论，也不想让你陷入无尽的专业名词当中。本书只是挑选一些编写程序最基本、最重点的东西，让你能够用最短的时间实现从对电脑编程一无所知到能够自己编写简单的电脑程序。我相信这本书一定能让你体会到编程的乐趣，并带领你步入编程世界的大门。

  在阅读这本书的过程中，我希望你能试着用电脑的思维去学习编程。当你阅读这本书，慢慢领会电脑编程的思维方式后，你会发现，对于现今这个计算机和互联网占领一切的时代，你可以用一种全新的角度去理解它。你会明白，电脑——这个人类最伟大的发明——是怎么工作、怎么思考问题、怎么解决问题的。甚至，你在工作、生活中遇到的问题，也可以用电脑编程的思维方式去重新审视、思考和解决。

  最后，感谢你阅读这本书。如果这本书能让你有所收获，那么我会非常开心。

  下面是作者的微信公众号。可以在关注后回复"代码"两个字下载书中的相关代码。

汪　泳

2019 年 7 月 17 日

目录

第 1 章　让电脑开始听你的话

第 1 节　让电脑对你说"你好" / 001

第 2 节　让电脑程序跑起来 / 004

第 3 节　让电脑帮你算数学 / 009

第 4 节　开始和电脑对话 / 011

第 5 节　看我七十二变 / 013

第 6 节　电脑有多少种"小盒子" / 016

第 7 节　给电脑里的数据换一个"盒子" / 019

第 8 节　和电脑比比谁更聪明 / 021

第 9 节　程序也需要美容 / 023

第 10 节　给程序做个说明书 / 025

第 2 章　电脑开始自己思考了

第 1 节　是真还是假 / 028

第 2 节　我自己会判断 / 031

第 3 节　猜猜我是谁 / 034

第 4 节　我还知道其他 / 036

第 5 节　比一比谁最大 / 039

第 6 节　我自己会选择 / 042

第 7 节　"如果"还是"当" / 047

第 8 节　我还可以更简单 / 052

第 9 节　奇怪的百分号 / 056

第 10 节　一年到底有多少天 / 058

第3章 电脑一点儿也不累

第1节　自增和自减 / 061
第2节　我可以一直说下去 / 063
第3节　我会自己数数 / 066
第4节　我会自己停下来 / 068
第5节　你要我停我就停 / 070
第6节　我可以轻松做累加 / 073
第7节　我很简单也很强大 / 075
第8节　7和7的倍数 / 077
第9节　让数字排成队 / 080
第10节　让排队的数字站出来 / 084

第4章 电脑会的还有很多

第1节　我会画美丽的图案 / 088
第2节　我会说有标点符号的话 / 090
第3节　我会输出乘法口诀表 / 092
第4节　我会输出英文字母表 / 094
第5节　我会让数字按大小排队 / 097
第6节　我会让字母也排队 / 101
第7节　我会判断质数 / 104
第8节　我会更快一点 / 106
第9节　我会告诉你它是几位数 / 108
第10节　我会复杂的数学计算 / 110

第5章 你还应该知道的一些事

第1节　1加1等于几 / 114
第2节　数字不够用了怎么办 / 115
第3节　数值到底是多少 / 118
第4节　字符是怎么回事 / 119
第5节　汉字也能做加法 / 121
第6节　表格数据怎么存储 / 124
第7节　数字变成图案 / 127
第8节　字符太多怎么办 / 131
第9节　键盘输入的另一种方式 / 134
第10节　电脑机器人 / 137

第6章 开始编写自己的程序

第1节　计算自幂数程序 / 141
第2节　计算学生平均成绩程序 / 144
第3节　收银柜台收款程序 / 148
第4节　计算个人所得税程序 / 150
第5节　验证哥德巴赫猜想程序 / 155
第6节　计算员工奖金提成程序 / 158

附录A　Java运算符优先级列表
附录B　Java关键字及其含义

第 1 章
让电脑开始听你的话

第 1 节 让电脑对你说"你好"

在学习编程之前,你一定很好奇,电脑上可以显示文字、图片,可以播放音乐、电影,还可以用它跟别人进行网络聊天、视频对话,它们是怎么做到的呢?其实这都是电脑程序的功劳,电脑里的一切都是被各种程序控制的。

电脑中有控制显示器的程序,有控制键盘的程序,有打字的程序,有播放声音的程序,还有统一协调这些程序的程序。一台电脑就像一个巨大的工厂,每个程序就是这个工厂里的人,每个人都有自己的工作职责,大家分工合作,形成了有趣的电脑世界。

那么我们是不是也可以创造一个电脑程序,让电脑按我们的想法来运行呢?

当然可以,电脑中的程序都是由人创造的。

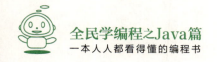

编程就是创造电脑程序的过程,就是人和电脑的交流,要交流就需要使用一种电脑可以理解的语言向电脑下达指令,让电脑按照我们的想法来运行。人们发明了很多种语言来和电脑交流,Java 语言就是其中的一种,它也是最受大家喜爱、流行度最高的编程语言。

在生活中,人们第一次见面打招呼都会说一句"你好"。在 Java 编程中,想要让电脑对你说"你好",只需要用下面这一条语句就可以。

```
System.out.println(" 你好 ");
```

这是 Java 语言规定的电脑输出文字的格式。其中,System.out.print() 是向电脑下达输出文字的指令,"你好"是我们向电脑下达的指令内容,这条语句最后的";"是告诉电脑这条指令已经结束了。整个这条语句就是让电脑向你说"你好"两个字。

提示

在 Java 语言中,我们把每一条单独的指令叫作语句,把很多条语句放在一起形成的指令块叫作代码。

提示

在 Java 语言中,每条语句都要以";"结束。要特别注意的是,语句结束的标志——";"是英文输入法下的符号。

但是上面这一条单独的语句是不能运行起来的,因为要让电脑要识别你的指令还需要按 Java 语言规定的格式提供一个完整的程序结构。

下面是一段完整的程序代码。我们发现,其中除我们上面说到的让输出文字指令外,外面还包括了两层"{}"。

```
public class NiHao
{
    public static void print()
```

```
    {
        System.out.println(" 你好 ");
    }
}
```

其中第一级 "{}" 像下面这样。

```
public class NiHao
{
}
```

这一级代码指明了程序的名称为 "NiHao"。

程序的名称又被叫作类名，是我们自己给程序定的名字。这个名字可以根据你自己的喜好来起名，但是 Java 规定类名首字母（即类名的第一个字母）必须是大写字母。

程序的类名也是程序文件的名称。用 "{}" 括起来是告诉电脑，我的程序内容是 "{}" 里面的东西。当你向电脑输入上面这段代码后，电脑就会明白，你创建了一个名字叫 "NiHao" 的程序，而且程序的内容就在 "{}" 里面。

程序内容中还有第二级 "{}" 像下面这样。

```
public static void print()
{
}
```

我们把这一级叫作程序的方法。方法就是几条指令放在一起的代码块。而代码中的 "print" 是程序的方法名称，程序的方法名称又被叫作 "方法名"。方法名也可以根据你自己的喜好来起名，但是方法名的起名规则是首字母必须用小写字母。

类名和主法名，只是电脑识别程序代码的一个标志。就像每个人都要有一个自己的名字一样，程序中的类也要有类名，方法也要有方法名。

提示

在 Java 语言中，我们把类名、方法名等代码标志名称统称为标示符。

上面这段代码是告诉电脑我有一个名叫 "print" 的方法，这个方法中具体的指令都在下面的 "{}" 中。当你向电脑输入上面这一段代码后，电脑就会明白，程序有一个名叫 print 的方

法，里面包括程序要执行的指令，电脑会按从上往下的顺序一条条执行指令。在这个例子中，我们只有一条指令"System.out.println(" 你好 ");"。

提示

在 Java 语言中，所有程序都应严格按照上面的结构来写，这样电脑才会正确识别你的指令。这种严格的程序结构规定就叫作语法。

有一点要特别注意，在 Java 编程中，所有的标点符号都一定要用英文输入法输入。如果错误地使用中文输入法输入标点符号，那程序代码就是不符合 Java 的语法规则的，是无法被电脑正确识别的。也就是说，"" 和 "" 是不一样的符号，只有 "" 才是可以被电脑正确识别的符号。

现在，你已经写出了你的第一个 Java 程序，一个让电脑对你说"你好"的程序。

最后我们总结一下，一个 Java 程序最基本的代码结构就像下面这样。

```
public class 类名
{
    public static void 方法名()
    {
        要让电脑执行的指令；
    }
}
```

第 2 节　让电脑程序跑起来

我们只写出程序代码还是不够的，还需要让电脑运行代码，才能真正让电脑向你问好。

想要让电脑运行我们写的程序,需要一个特殊的软件,它就是编译器。

编译器就是一种把我们的程序代换转换成电脑内部指令的软件,任何程序代码都要由编译器转换后才会真正被电脑执行。用来转换 Java 语言的编译器就叫作 Java 语言编译器。

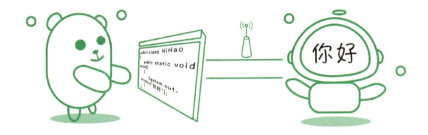

我们这里使用的是一种特别容易学习的 Java 语言编译器,它的名字叫作 BlueJ。

BlueJ 是一款专门用于 Java 编程教学的软件,你可以很快学会怎么使用它。你只需要先下载这个软件,然后按软件安装提示把它安装在你的电脑里。

你可以通过网络搜索"BlueJ",在相应的链接中下载它。也可以通过下面的地址来下载:

https://www.bluej.org/download/files/BlueJ-windows-421.msi

你要做的只是把这个地址输入到你的浏览器地址栏里,并按 Enter 键,软件就会开始下载。在下载完成后,安装的过程也是非常简单,你只要按照软件安装中的出现的提示进行单击就可以完成安装。

BlueJ 的安装界面是英文的,因为 BlueJ 是外国人开发出来的软件。不用紧张,只要在每次出现的对话框中单击"Next"按钮就可以完成安装,就像下面这样。

在安装完成后，运行BlueJ软件，就可以看到软件的界面，就像下面左图这样。

在第一次使用BlueJ软件时，你需要先单击左上角的"项目"按钮，并选择出现的第一个按钮——"新建项目"按钮，就会弹出下面右图这个对话框，提示你填写项目的信息。

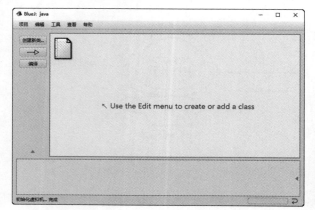
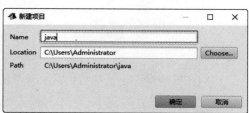

你只需要在对话框中的在"Name"那一栏中填写一个你喜欢的名字，然后单击"确定"按钮就完成了新建项目。

"项目"就是你电脑中的一个目录，你所有的程序代码都会被保存在这个新建的这个项目（也就是这个目录）里。

单击BlueJ左边侧栏的"创建新类"按钮，会弹出一个新的对话框，见下面这个图。只需要在弹出的对话框中的"类名"那一栏填入你程序的名字，比如输入"NiHao"这个名称，并单击"确定"按钮，就完成了新建类。

我们前面说过，一个类就是一个程序（也就是你电脑中的一个文件），它会被自动保存在你前面新建的项目目录下。

现在在 BlueJ 的主界面中就出现了一个橘黄色的图标。这个图标代表的就是你刚才新建的类文件（也就是你新建的一个程序）。

同时，这个图标上还会显示出类名，如果你跟我一样——新建的也是"NiHao"这个类名，那你应该可以看到跟我一样的界面，就像下面这样。

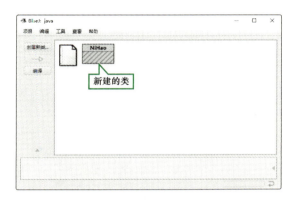

双击那个名叫"NiHao"的橘黄色图标，就会弹出一个新的窗口。你会发现 BlueJ 已经为你的程序自动生成了一些模板代码，就像下面这样。

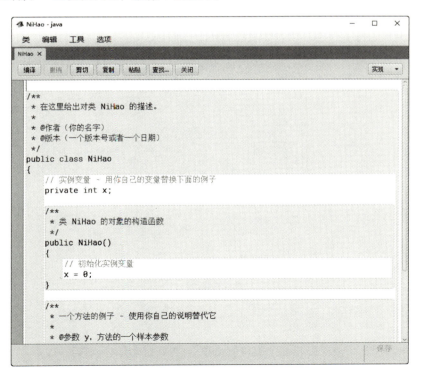

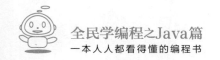

现在，你不用去关注这个模板代码，你需要先全部删除掉这些内容，并把我们在第 1 节写好的让电脑说"你好"的程序代码写进去，效果就像下面这样。

现在程序代码已经写好了，Java 语言规定代码在运行前必须先进行编译，即由电脑来检查你的代码是否符合 Java 的语法规则。单击代码窗口左上角的"编译"按钮，左下角会有相应的提示。如果提示"编译完成 – 没有语法错误"（就像下面这样），那恭喜你，你的第一个程序完成了。

编译完成 -没有语法错误

回到 BlueJ 的主界面，你会发现你的类文件（也就是那个橘黄色图标）上的很多斜杠没有了，这代表你的类已经完成编译，可以运行了。

用鼠标右击类图标，你会看到很多选项。单击第 2 项"void print()"（也就是我们的 print 方法），如下图所示。

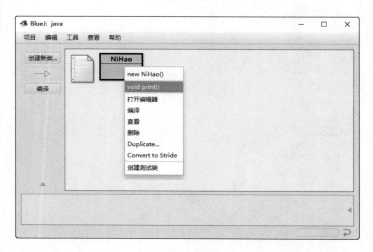

BlueJ 会弹出一个新的窗口，这个窗口就是执行程序后输出内容的窗口。

如果在这个窗口中显示出"你好"两个字,那么恭喜你,你的第一个程序已经成功运行了,你已经成功地让电脑跟你问好了。

第 3 节　让电脑帮你算数学

第 2 节中我们已经成功让电脑开口说话了,你是不是有点小兴奋,想不想让电脑做更多的事情?

我们知道,电脑又叫计算机。为什么叫计算机呢?因为它的计算能力特别强大,它可以计算很多人类完成不了的数学难题。当然,我们现在还不会让它做那么厉害的计算,我们就先来让电脑帮我们做一些简单的"加、减、乘、除"四则运算的数学题吧。

如果我问你 3+8 等于几?你一定能很快告诉我答案,等于 11。但是如果我问你 357+458 等于多少,你就没那么快了吧,你可能还得借助计算器来算。但是在电脑里用程序来做计算的话,不管是 3+8 还是 357+458,还是别的什么数字的加、减、乘、除,它都能非常快地给出答案。

那怎么让电脑帮我们算数学呢?回想一下,前面我们学习的最重要的程序指令是什么?没错就是输出指令,要让电脑帮我们做数学,也是要用到输出指令,只是用法略有不同。

下面是在 Java 编程中让电脑进行加法运算的语句。

```
System.out.println(357+458);
```

这时,输出指令括号里的内容不一样了。是的,我们把数学题直接放在括号里,电脑就可以自动计算结果并通过输出指令给出答案。

你可以试试,把第 2 节中的 NiHao 程序类中 print 方法中的指令换成这条指令,再编译运行一下程序,是不是电脑马上就告诉答案了?

如果你不知道怎么换,那就按看看我下面的完整的代码吧。

```
public class NiHao{
    public static void print()
    {
        System.out.println(357+458);
    }
}
```

我已经让电脑告诉我答案了，没错是815。

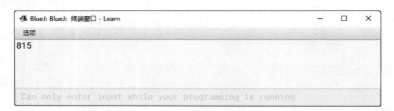

在这里要强调一下，在输出指令中的 357+458 外面一定不要加 ""。如果加上引号（就像下面这样），那电脑会以为，你只是想让它在屏幕上显示出 357+458 这些字，所以它就会把这些字原模原样地显示出来，不会进行计算。

```
System.out.println("357+458");
```

说到这里，聪明的你也一定想到了怎么让电脑做减法了吧。你知道指令语句该怎么写吗？没错，就是下面这样。

```
System.out.println(815-357);
```

你可以再替换一下程序中的指令语句，并重新编译运行一下程序，是不是也很快就得到了答案。

加法和减法电脑都能做了，那么乘法和除法是不是也一样？

在这里你一定会说，键盘上根本找不到乘法和除法运算符，怎么让电脑做乘法和除法。你说得很对，在设计键盘的时候确实没有设计乘法和除法运算符，但是 Java 语言的设计者想到了一个办法解决，就是用新的符号作为乘法和除法运算符。

提示

在 Java 语言中，用 "*" 作为乘法运算符，用 "/" 作为除法运算符。

那么，你现在知道怎么做乘法了吗，你的程序指令和我下面的一样吗？

```
System.out.println(815*357);
```

除法呢，除法运算指令怎么写？没错，就是下面这样。

```
System.out.println(290955/815);
```

请用上面的指令替换你的程序中对应位置的指令，重新编译运行程序。如果你跟我一样，也计算出了正确的答案，那么你已经学会了怎么用电脑来做数学了。

第 4 节　开始和电脑对话

现在，你已经会让电脑做很多事情了，但是我们现在还只是能让电脑按我们提前设置好的内容进行输出。

比如第 3 节中的数学计算，如果要换一个算式，那就需要修改程序，并重新编译程序，那么有没有一种办法，只要写好了算式，就可以自动计算任意从键盘输入的数字的结果呢？

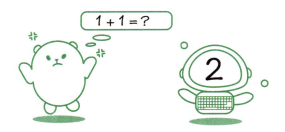

比如你在程序里面写了下面这样一条语句：

```
System.out.println(a+b);
```

当程序运行起来以后，我们只需要从键盘输入两个数字，把它作为 a 和 b 的数值，而不是去修改程序的代码，电脑就会算出这两个数字的和，这样是不是更方便。

比如，我从键盘输入的两个数字分别是 3 和 5，那么电脑就会自动计算出 3+5 的结果是 8。而当我从键盘分别输入 4 和 6 时，电脑又自动计算 4+6 的结果是 10。

当然，上面的这条语句是完全符合 Java 语法规则的，也就是说电脑是可以识别这条语句的。但是我们要怎么从键盘输入 a 和 b 的值呢？

下面就是支持键盘输入的加法计算的完整代码。

```
public class ShuXue{
    public static void plus(int a,int b)
    {
        System.out.println(a+b);
    }
}
```

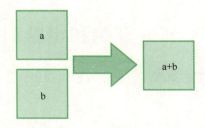

首先，请注意看，这个程序的类名是 ShuXue，这是我新建的一个类，也请你按照前面讲的新建类的方法在 BlueJ 里新建一个名称叫"ShuXue"的类。

在这里，我新建类并不是有什么特别的含义，只是想和前面的"NiHao"类区分开。当然你也可以把"NiHao"类中的"print"方法按照我上面的代码进行修改。

同样，方法名从"print"变成了"plus"，也并没有什么特别的含义，只是换了一个名字。

但是，你可能已经发现，"ShuXue"类中的方法不只是名字从"print"变成了"plus"，方法括号里面也有了新的东西。

```
int a,int b
```

这就是 Java 语言中程序接收外部输入的办法，它有一个专业名词——参数，也就是说上面我们代码中的"plus"方法有两个参数，分别是 a 和 b。

可是这两个参数前面都有几个字母 int，它又是什么意思呢？我们把参数前面的东西叫作数据类型，int 代表的是整数类型。也就是说，我们给 plus 这个方法的两个参数 a 和 b 规定了它的数据类型是整数类型。规定了参数的数据类型，程序就可以接收相应数据类型的输入。

我们这里有两个参数 a 和 b，所以两个参数用 ","来隔开，这也是 Java 语言的语法规则，多个参数中间用 ","分隔。注意哦，这里的 ","一定要用英文输入法输入。

如果方法中只有一个输入，那么只需要写成下面这样就可以了。

```
public static void plus(int a)
{
}
```

好了,我们的代码已经写好了,接下来在 BlueJ 里面编译运行,你试一下吧。

按前面讲的步骤,新建一个叫"ShuXue"的类,然后把我上面那段代码输入进去,并按前面的步骤重新编译一下程序。当电脑提示编辑成功后,在 BlueJ 的主界面中会出现一个名叫"ShuXue"的新图标。

用鼠标右击图标,在弹出的菜单栏中单击第 2 项"void plus()"(也就是我们上面代码中新的方法名),你看到了什么?是的,电脑会要求你输入参数的值。

因为我们前面给程序指定了 int 型的 a 和 b,那在这里我们也只能输入整数类型的数字,电脑才会愿意接收(见下方左图)。如果你输入了两个字母,并单击"确定"按钮,那电脑就会告诉你"找不到符号"(见下方右图),也就是说你输入的内容是不正确的。

如果你输入了正确的数字,并单击"确定"按钮,那电脑就会弹出程序执行窗口,并告诉你算式计算的答案。

我输入的数字是 3 和 5,电脑输出了数字 8。再重新运行一下程序,并在电脑要求输入参数值的地方输入两个新数字,是不是电脑就会自动计算新的算式了?

如果你跟我一样也正确地算出了算式的结果,那么现在你成功开发出了一个简单的加法计算器程序,同时你已经可以成功地通过键盘和电脑对话了。

再试着做一个减法、乘法、除法的计算器程序吧,我相信你已经知道怎么做了。

第 5 节　看我七十二变

在第 4 节中,我们学到了一个新的概念——参数。其实参数就是电脑把你从键盘输入的数

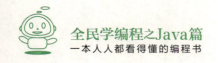

据传递给程序的指令语句。

方法的参数在程序中只是起到传递数据的作用，电脑是不会改变它的数值的。那么参数中传递的数据真的不会变化吗？我们来看看下面这一段代码：

```java
public static void plus(int a,int b)
{
    int c = 0;
    System.out.println(c);
    c = a+b;
    System.out.println(c);
}
```

这里我只写了方法的代码，如果你要运行这段代码，那外层的类名称代码部分请你试着自己写上去。

请你注意看，现在的"plus"方法中的指令内容和第4节代码中的指令内容又不一样了。现在的"plus"方法中又多了几个语句。

前面我们已经说过，当你运行程序的方法时，电脑会自动按从上往下的顺序一条条执行代码语句，所以上面这一段代码中，电脑会一条条地从上往下执行，像下图所示这样。

"plus"方法中的第1条语句是我们之前没有见过的语句。

```java
int c = 0;
```

我们把这样的语句叫作赋值语句，也就是说在程序里我们给c设定了一个数值0。当然，c前面的int代表的是只能给c设定一个数字的值。"="就是把0这个数值设定给c。

> **提示**
>
> 在Java语言中，我们把在程序中定义的、可以赋值的、像c这样的字母叫作变量。变量就是程序内部定义的、给电脑临时存储数据的"小盒子"。

请你想一想，在我们平常生活中，我们要想把自己的物品存放起来，是不是也会找一些小盒子来保存呢？比如，我们会把铅笔装进铅笔盒里，把蛋糕装进蛋糕盒里等。那么电脑存储数据就是用变量这个"小盒子"。

第 1 章　让电脑开始听你的话

为什么要用变量这种"小盒子"来存储数据呢？请你想一想，如果你要找一支铅笔你会怎么找？当然是先找到铅笔盒，再从铅笔盒里拿出铅笔。电脑使用变量来存储数据也是这个目的。

上面代码中的 c 就是一个变量，这个变量的名字叫 c。当我们想拿出保存在 c 里面的数据时，只要找到 c 这个小盒子就可以了。也就是说，变量是给数据起的名字，是方便我们找到那个数据用的。

在上面的代码中，看到了我们熟悉的输出语句，它两次输出了 c 的值。如果我们运行这个方法，把参数 a 和 b 分别输入 3 和 5，那么你知道这电脑会显示 c 的值到底是多少吗？

下图是我运行这个方法的结果，电脑输出了两个数字，一个是 0，一个是 8。也就是说两次输出变量 c 的值，居然是不一样的。

这是因为我们在代码中改变了变量 c 的值。

在第 1 条输出语句中，电脑会直接输出变量 c 的初始值，也就是我们在上赋值语句中给 c 设定的那个数值——0。但是在语句 c=a+b 中，变量 c 的初始值被重新赋值为 a+b 的值，也就是说变量 c 中原来的数值 0 被 a+b 的结果值替代了，变成了 3+5 的值，也就是 8。

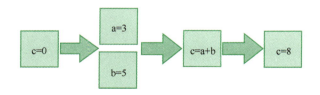

就是说，变量 c 这个小盒子里原来存储的是数字 0，当用"="给它一个新的值——8 的时候，变量 c 这个小盒子里存储的数据就又变成了新的数值 8。

知道它为什么叫变量了吧，因为用赋值操作符"="就可以随意改变存储在数据变量 c 这个小盒子里面的数据。

在这个程序中,变量 c 还可以变成多少呢?请你自由发挥一下,用 "=" 让变量 c 来个七十二变吧。它会不会变得连你都不认识呢?

第 6 节　电脑有多少种"小盒子"

在第 5 节中我们已经学到,变量就是电脑存储数据的小盒子。

在我们的生活中,可能有很多盒子用来存放物品,装铅笔的叫作铅笔盒,装蛋糕的叫作蛋糕盒。保存不同物品的盒子是不一样的,有的盒子大,有的盒子小,大的东西装不进小的盒子里,因为盒子类型不同。同样,要装不同规格的东西就需要不同规格的盒子。

提示

在 Java 语言中,我们把这种存储不同数据的盒子类型叫作数据类型。

那么电脑中有多少不同规格的盒子,或者说有多少种不同的类据类型呢?

我们前面已经很多次用到了一个叫 int 的小盒子。int 就是一种盒子的规格,也就是电脑中的一种数据类型。

用 int 来定义的参数或者变量,代表它只能接收或者存储整数型的数据。那么还有没有其他的数据类型来让电脑存储字母、小数等各种不同的数据呢?当然有。

来看看下面这段代码,数一数它一共用到了多少种不同的盒子。

```java
public static void type()
{
    byte a = 0;
    System.out.println(a);
    short b = 0;
    System.out.println(b);
    int c = 0;
    System.out.println(c);
    long d = 0l;
    System.out.println(d);
```

```
    float e = 0.0f;
    System.out.println(e);
    double f = 0.0d;
    System.out.println(f);
    char g = 'c';
    System.out.println(g);
    boolean h = true;
    System.out.println(h);
}
```

在这段代码里,定义了按字母顺序 a ~ h 来定义 8 个不同类型的变量,每个变量都用不同规格的盒子在存储,即使用了不同的数据类型。

提示

Java 规定了 8 种不同类型的盒子,也就是用 8 种数据类型来存储不同的数据,如下图所示。

下面是 Java 规定的 8 种不同的数据类型,以及它们分别可以存储的数据"规格"。

- byte 型:也叫字节型,只能存储 –128 ~ 127 之间的数字。
- short 型:也叫短整型,可以存储 5 位数以内的数字,包据 5 位数以内的正数和 5 位数以内的负数。
- int 型:也叫整数型,可以存储 10 位数以内的数字,包据 10 位数以内的正数和 10 位数以内的负数。

· 017 ·

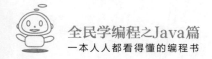

- long 型：也叫长整型，可以存储 20 位数以内的数字，包据 20 位数以内的正数和 20 位数以内的负数。

- float 型，也叫浮点型，可以存储不包括小数点在内的 7 位有效数字的小数。

- double 型，也叫双精度浮点型，可以存储不包括小数点在内的 15 位有效数字的小数。

- char 型：也叫字符型，可以存储任何一个单个字符，包括所有的字母和标点符号。

- boolean 型，也叫布尔型，只能存储 true 和 false 两个值中的一个，代表是真的还是假的。

聪明的你可能发现，上面的代码中 long 型、float 型和 double 的赋值语句有点奇怪，long 型的变量的赋值语句是下面这样的：

```
long d = 0l;
```

在赋值语句的右边（也就是"="号的右边）的数字 0 后面还有一个字母"l"，0 和字母 l 组成的数字怎么能是数字呢？其实 0 后面的 l 代表的是，0 这个数是要按 long 型来存储，而不是按整型来存储。虽然我们在使用它的时候，这都是数字 0，但是我们用 0 后面的 l 来告诉电脑，这个 0 是要放进长整型这个"盒子"里的。

同样，浮点型的赋值语句，也是一样的道理。

```
float e = 0.0f;
```

它也是告诉电脑要把 0.0 这个小数放在浮点型的"盒子"里。

那么双精度浮点型的赋值语句，也是同样。

```
double f = 0.0d;
```

等号右边 0.0 后面的 d 也是一样的道理，是告诉电脑这个 0.0 要把它放进双精度浮点型这个"盒子"里。

最后提醒一下，float 和 double 都可以存储小数，但是 double 的精度更高，它能保存的数字更精确。比如，如果使用 float 型来存储 155.658954 这个小数，它就会只存储 155.65895，最后的那一位就找不到了，因为它只能存储 7 位数字，存不了 8 位数字。所以我们在代码中要尽量使用 double 型来存储小数，以免保存的精度不够。

Java 语言规定的这 8 种不同数据类型，又被叫作基本数据类型，是电脑存储数据的基础形式，也会在我们后面学习过程中多次出现哦。

第 7 节　给电脑里的数据换一个"盒子"

假如你有两个相同规格的盒子，在一个盒子里有一支红色的笔，在另一个盒子里有一支蓝色的笔，要求每个盒子都只能同时放一支笔，请你交换这两个盒子里的笔，你该怎么做呢？想一想，是不是很困难。

是的，每个盒子都只能放一支笔，当你拿起红色笔的时候，你没办法把它放进蓝色笔盒里，因为我说不允许一个盒子里同时有两支笔。同样你拿起蓝色笔也没办法放进红色的笔盒里，也就是说你没办法交换两个盒子里的笔。

那么有什么办法解决呢？你是不是已经想到好办法了？如果再给你一个盒子，问题是不是就解决了。

你先拿起红色的笔放进第 3 个盒子里

再拿起蓝色的笔放进红色笔原来在的那个盒里

最后再拿起第 3 个盒子里的那个红色的笔，放进蓝色笔原来在的那个盒里

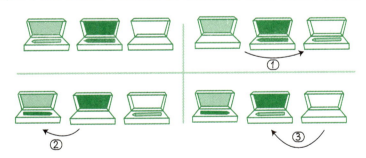

这样你就完成了两支笔的交换。

在 Java 中，变量就是盒子，数据就是笔。如果你想交换两个变量中的数据，就需要有第 3 个变量来临时存放拿出的数据。

试想一下，我们在代码中像下面这样写，能不能成功交换变量 a 和变量 b 的值呢？

```
public static void change()
{
```

```
int a = 2;
int b= 3;
a = b;
b = a;
System.out.println(a);
System.out.println(b);
}
```

程序能够交换这两个数据吗？不能，因为代码中变量 a 的值会被变量 b 的值替代，即 a 的数据变成了 3。而变量 b 的值又被变量 a 的值替代，即 b 的数据也变成了 3。如果运行上面这段代码，你会发现输出语句输出的值都是 3，并没有达到我们要交换两个变量的值的目的。

现在定义一个变量 c 就再试试，看能不能成功。

下面是我写的一段交换两个变量数据的代码。

```
public static void change()
{
    int a = 2;
    int b= 3;
    int c = 0;
    c = a;
    a = b;
    b = c;
    System.out.println(a);
    System.out.println(b);
}
```

大家看看我的这个方法，分别定义了 3 个变量 a、b、c，也分别给这 3 个变量赋了初始值。

提示

在 Java 中，新增一个变量采用"数据类型 变量名 = 初始值"这样的格式。这种第一次出现变量并带有"="进行初始值赋值的语句，被叫作变量的初始化。

第 1 章　让电脑开始听你的话

要使用任何变量都需要先给它进行初始化，这里的变量 a 和变量 b 的初始化值是我要交换的数据，而变量 c 的初始化值是 0。这里将 c 的初始化值设为 0，也可以将它设置为其他数字。因为第 6 节已经讲过，变量在存放新的数据后，其初始值就不存在了，所以变量 c 的初始化值是多少并不重要，因为它的值是要被重新替换的。

也就是说，我们分别初始化了 3 个变量 a、b、c，如果想要交换 a 和 b 的数据，只要像交换铅笔盒中的铅笔一样进行下面这 3 个步骤。

把变量 a 的数据放进变量 c 里

再把变量 b 的数据放进变量 a 里

最后再把放进变量 c 的数据放进变量 b 里

就像下图这样。

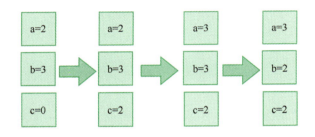

那么，现在是不是就完成了两个变量中数据的交换？

运行一下上面的这段代码，是不是 a 的输出结果成了 3，b 的输出结果又成了 2。

在 Java 语言中，要交换两个变量的数据，必须要用第 3 个变量才能实现。同时，要交换的两个变量必须是相同的类型，不同类型的变量不能直接交换数据。

第 8 节　和电脑比比谁更聪明

在前面几节中，我们很多次讲到赋值运算符"="。在 Java 语言中，"="并不是我们在数学里学到的等号的意义，它也完全没有判断"="号两边数值是否相等的意思。这一点是 Java 语言与我们已有的数学知识完全不同的地方。

那么在 Java 语言中，用什么符号来代表数学意义上的相等呢？Java 语言的设计者设计了一个新的符号"=="。是的，你没有看错，就是两个等号。

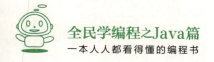

 提示

在 Java 语言中，用"=="代表数学意义上的相等。

举个例子，如果有一个变量 a，它的值是 5，还有一个变量 b，它的值也是 5，那怎么表达 a 等于 b 这个意义呢？就像下面这样，用两个等号来表达。

```
a == b;
```

这里要注意，在数学中，a 等于 b 是数值的相等，但在 Java 语言中相等不仅是数值的相等，还包括数据类型的相同，我们把这样的相等叫作严格相等。比如像下面的这样。

```
short a = 5;
int b = 5;
a == b;
```

这段代码中的 a 不严格等于 b。因为虽然 a 和 b 的数值都是 5，数值是相等的，但是 a 和 b 的数据类型是不同的，所以它们不是严格相等，a == b 的结果就是错误的。

说到这里，你肯定会问，要怎么来表达 a == b 到底是正确还是错误呢？这就要用到一个前面提到的数据类型——boolean（布尔型）。

前面讲数据类型的时候已经讲过，boolean 的值只有 true 或 false 两种。true 是真，代表正确；false 是假，代表错误。如果 a == b 成立，则结果为 true；如果 a == b 不成立，则结果为 false。

下面我们来用程序做一个小游戏，来体验一下 boolean 型数据类型吧。

```java
public static void equals(int a,int b,int c)
{
    int d = a + b;
    boolean e = (d == c);
    System.out.println(e);
}
```

在上面这段代码中有 3 个参数,分别是 a、b、c,用键盘输入数据的办法你还记得吗?

这个程序用来判断输入的 a 和 b 相加是否等于输入的 c。如果相等,那程序会输出 true,代表回答正确;如果 a 和 b 相加不等于输入的 c,那程序会输出 false,代表回答错误。

代码中用一个整数型变量 d 来保存 a+b 的结果,并用 d==c 来判断输入的 c 是不是和电脑计算出来的结果相等。最后,电脑把判断结果赋值给布尔型变量 e,并输出变量 e 的判断结果。

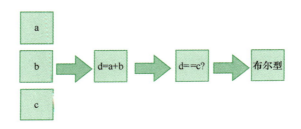

这里用 "()" 把 d == e 括起来,是为了防止电脑在理解这条语句时产生歧义。这里 "()" 的意义和我们数学中学到的意义是一样的,就是先计算 "()" 里的表达式,再把计算的结作为一个数据来处理。

运行一下上面这段代码,比比你和电脑谁更聪明。

第 9 节　程序也需要美容

还记得在第 8 节中讲到的数学小游戏程序吗,你是不是已经学会怎么实现它了?现在我们来看看下面这一段代码。

```
public static void equals(int a,irt b,int c){int d = a+b;boolean e=(d==c);System.out.println(e);}
```

是不是让你看得头晕,只看到一堆乱糟糟的字母。如果我告诉你这段代码和第 8 节中的数学小游戏程序是一样的,你相信吗?不相信的话,试着对比一下,是不是一个字母都不差。而且我告诉你,这段代码在电脑中也是可以正常运行的。如果不相信,你可以试着把这段代码输入 BlueJ 中,编译运行一下。看到没,电脑完全可以正确识别这段代码。

是的,电脑在识别程序的时候,代码中有没有换行是没关系的,甚至在哪里换行都不会影响电脑对程序的正确识别。换行只是对程序代码的美化,而美化的目的也只是方便我们人类去看它,去写它。

所以，为了方便我们人类更清楚看明白电脑中代码，我们要给程序做"美容"，让它更好看。

下面我们来一步一步让这段程序变美吧。

我们前面已经讲过一个程序至少有两层"{}"，那么我们就要先把"{}"按层级关系来换行。上面这段代码中没有类那层的代码，我们就只来做方法这一层吧。

```
public static void equals(int a,int b,int c)
{
int d=a+b;boolean e=(d==c);System.out.println(e);
}
```

提示

在 Java 中，每当程序中出现"{}"时我们就让它换行，让"{"或者"}"单独成为一行。

然后，在方法中的语句可以有很多条，每条语句以";"结尾。所以我们要把每条语句都换行，像下面这样。

```
public static void equals(int a,int b,int c)
{
int d=a+b;
boolean e=(d==c);
System.out.println(e);
}
```

提示

在 Java 中，每当程序中出现";"时我们就让它换行。

接着，为了更清楚地表达程序代码的层次关系，我们要给{}中的代码前加上两个空格，让程序的层级结构更清楚。像下面这样。

```
public static void equals(int a,int b,int c)
{
```

```
        int d=a+b;
        boolean e=(d==c);
        System.out.println(e);
}
```

最后，我们给赋值语句或其他数据操作符的两边加上空格，像下面这样。

```
public static void equals(int a,int b,int c)
{
        int d = a + b;
        boolean e = (d == c);
        System.out.println(e);
}
```

怎么样，程序是不是好看多了。通过这几步的程序"美容"，原先乱糟糟的代码立马变得好看了。你现在可以很清楚地看明白这段代码是用来做什么的了。

提示

在 Java 语言中，为了让代码更方便人类看和写，把这种美化程序代码的规则叫代码风格。

虽然，不符合 Java 代码风格的程序也可以被电脑正确运行，但是我们平常还是要养成美化代码的习惯。让自己的代码不仅好用，还好看。

第 10 节　给程序做个说明书

在第 9 节中，我们已经知道了代码风格。符合 Java 代码风格的程序，更容易被我们人类阅读。但是有时候只有代码风格也是不够的。

下面是一段我写的代码，你能看懂这段代码是做什么用的吗？

```
/**
 * 这个方法是接收两个整型参数 a 和 b，并计算 a 是否等于 b 的两倍
 */
```

```
public static void method(int a,int b)
{
    boolean e = (a==2*b);  //布尔型变量 e 存储 a == 2*b 表达式的判断结果
    System.out.println(e);  //将布尔型变量 e 的值输出
}
```

在上面的这段代码中有很多用"/* */"包起来或者是用"//"开头的说明性文字。当你使用BlueJ录入这段代码时，你会发现，这些用"/* */"包裹起来或者是用"//"开头的部分会用不同的颜色来显示（见下方图所示）。我们把这些不同颜色的说明性文字叫作程序的注释。

在BlueJ中，用"/* */"包起来的注释显示为蓝色，用"//"开头的内容显示为灰色。

提示

在Java语言中，我们把用"/* */"包起来的这种注释叫作多行注释。

多行注释是用来注释大段的说明的，是以"/*"为开，以"*/"为结束的。也就是说，在一段代码中，无论中间有多少内容，凡是在"/*"和"*/"之间的内容，无论你换多少行，计算机都会认为是注释，都不会执行。

这里特别要说一下，这两个符号必须成对出现，只有"/*"或者只有"*/"都是不对的，电脑都会认为是错误的语法，都无法通过电脑编译。

第 1 章 让电脑开始听你的话

提示

在 Java 语言中，我们把用"//"开头的这种注释叫作单行注释。

单行注释是写在一行代码的最后面。就像在上面这段代码中，当你在一行代码中写入"//"后，计算机会自动将"//"后面的内容标识为注释。无论它后面有多少内容，都会被当作注释来处理，直到换行为止。

所以单行注释只有开始符"//"，而没有结束符。千万不要把单行注释写进一行代码的中间，这样计算机会理解不了哪些代码是需要运行的，哪些代码是不需要运行的。

注释就是对代码的解释和说明。注释的目的是让看程序代码的人能很直观、快速地看懂一个程序的功能和设计。

当我们去学习别的人程序时，一定是先看程序的注释。通过注释能快速理解程序的功能是什么，是用什么办法实现的。

但是大家发现没有，在上面这段代码中，如果我们去掉注释部分，程序一样可以正常运行。也就是说，程序有没有注释并不影响程序的正常运行。

但注释也是程序的重要组成部分，一个好的程序代码应该有足够多的注释，注释越详细，越能让别人看懂你的程序。

第 2 章
电脑开始自己思考了

第 1 节　是真还是假

在生活中，我们用"好"和"坏"来区分人和事，用"对"和"错"来区分行为和事实。在我们的语言中，有很多类似的词语。但在电脑中，我们用什么来区分"对""错""好""坏"呢？

如果你还记得第 1 章中关于数据类型的那一节，那么你应该会想到一个很重要的数据类型——布尔型。

在电脑中，我们永远用布尔型表示两种相反的状态。布尔型只有两个值，还记得是什么吗？没错，是 true 和 false。我们只用这两个词语来表达所有相反的状态。

比如，如果你用 true 来表示"好"，那么 false 就代表"坏"。如果你用 true 代表"对"，那么"false"就代表"错"。

提示

 在 Java 语言中，我们把 true 的状态叫作"真"，把 false 的状态叫作"假"。

比如，1>0 这个算式在数学中是成立的，也就是说它是"对"的，那么电脑就把这样的状态定义为 true，像下面这样。

```
boolean a = ( 1 > 0 );
```

上面这条语句是把 1>0 的状态赋值给布尔型变量 a。这里再强调一下,这条语句中的括号仅仅是作为算式的分隔符使用。那么这时候,变量 a 的值会是什么呢?是的,是 true 这个值。你可以试试把这段代码放进你的方法中,在 BlueJ 中运行一下,看会是什么结果。

在上面的代码中,有一个我们数学中常用的符号 ">"——大于号,前面我们已经学习过数学运算中的等于在 Java 中是用 "==" 来表示的。在 Java 中,还有一些特殊的规定,用来表示数学中常用的数学符号。请看下面。

等于: ==

大于: >

小于: <

大于等于: >=

小于等于: <=

不等于: !=

提示

在 Java 语言中,我们把最终结果为布尔型(boolean 型)的表达式,也就是最终结果只能是真(true)或者假(false)中的一种的表达式叫布尔表达式。

下面是各种布尔表达式在 Java 代码中的写法。

```java
public static void bool()
{
    int a = 1;
    int b = 0;
    boolean c = (a > b);   //表达式成立,变量 c 的值是 true
    boolean d = (a < b);   //表达式不成立,变量 d 的值是 false
    boolean e = (a == b);  //表达式不成立,变量 e 的值是 false
    boolean f = (a >= b);  //表达式成立,变量 f 的值是 true
    boolean g = (a <= b);  //表达式不成立,变量 g 的值是 false
    boolean h = (a != b);  //表达式成立,变量 h 的值是 true
}
```

在上面的代码中,我没有添加输出语句,请你自己试试加上输出语句,并在 BlueJ 中运行代码,看看结果是不是这样。上面代码中的第 1 个布尔表达式的判断过程就像下面这样。

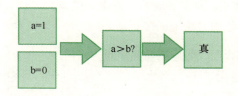

我们在数学中还会学到 3 种逻辑运算,"与""或""非",也就是我们口语中常说的"并且""或者""不是"。那么在 Java 中也用 3 种符号来表示这 3 种逻辑。

- 与:&&
- 或:||
- 非:!

如果你忘记了数学中的"与、或、非"逻辑也没关系,你只要记住:"与"和"或"逻辑是用来连接两个布尔型数据的,分别表示"并且"和"或者";"非"逻辑代表表达式状态的相反状态。是不是挺不好理解的。我们再来看一段代码。

```java
public static void bool()
{
    int a = 1;
    int b = 0;
    int c = 1;
    int d = 0;
    boolean e = (a > b && c < d); //表达式不成立,变量 e 的值是 false
    boolean f = (a > b || c < d); //表达式成立,变量 f 的值是 true
    boolean g = !(a > b); //变量 g 的值是 false
}
```

在上面的布尔表达式中,变量 e 的值是 "a>b 并且 c<d",很明显,a 的值是 1,b 的值是 0,所以 a>b 是成立的;但是 c 的值是 1,d 的值是 0,所以 c<d 是不成立的。"&&"是"并且"的意思,即只有当"&&"两边的值都为 true 时,整个表达式的值才是 true,否则就是 false。所以,a>b && c<d 这个布尔表达式(即"a>b 并且 c<d")是不成立的,最终它的值是 false。

变量 f 的值是 "a>b 或者 c<d",即"||"两边的值只要有一个是 true,那么整个布尔表达式

的结果也是 true，所以 a>b || c<d 这个布尔表达式（即"a>b 或者 c<d"）是成立的，最终它的值是 true。

而变量 g 的值是 a>b 这个布尔表达式的相反值，所以！(a>b) 这个布尔表达式（即 a>b 的相反值）是 true 的相反值，最终它的值是 false，整个逻辑是下图这样的。

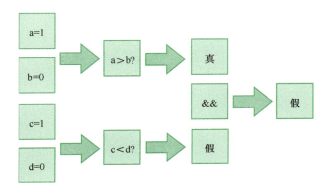

在电脑中，布尔表达式（即最终结果是 true 和 false 这两个数据的表达式）是非常重要的，程序通过 true 和 false 来控制程序的运行流程。是真是假的问题，电脑永远不会出错。

第 2 节　我自己会判断

我们在生活中使用得最多的一个逻辑表达词语是什么？也许你想不到，根据一项科学统计，人类生活中使用最多的逻辑表达词是——"如果"。

幼儿园老师说："如果你表现好，我就奖励你一个小贴贴；如果你表现不好，我就让你罚站！"。

妈妈说："如果你考 100 分，我就给你买个新玩具；如果考不上，我就没收你的小汽车！"

"如果"是人类最常用的逻辑表达词之一。人们用"如果"来设定条件，条件达到会怎

么样，条件达不到又会怎么样，这是人类最基本的思维逻辑。那么电脑会不会这样的逻辑思考呢？

提示

在 Java 语言中，我们用 "if" 来实现条件逻辑判断。

在下面的代码中，我们用两个 if 来让程序进行逻辑判断。

```java
public static void bool()
{
    int a = 1;
    int b = 0;
    if(a > b){
        System.out.println(" a 大于 b");
    }
    if(a < b){
        System.out.println(" a 小于 b");
    }
}
```

代码中的 if，代表让电脑进行"如果"的逻辑判断。if 后面的括号，是告诉电脑要判断的条件，括号中就是我们本章第 1 节学习的布尔表达式。而"{}"是代表当条件成立（即括号中的布尔表达式值为 true）时，要执行的指令语句。这里我们只有一条输出指令。整个逻辑是下图这样的。

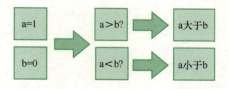

在上述代码中，第 1 条 if 语句是告诉电脑，如果 a>b 成立，就执行输出指令，输出 "a 大于 b" 这句话；第 2 条 if 语句是告诉电脑，如果 a<b 成立，就执行输出指令，输出 "a 小于 b" 这句话。

那么，你来想一想，电脑到底会输出什么呢？试着运行一下代码，你看到了什么？

很明显，a>b 成立（即 a>b 的值是 true），所以它会执行输出"a 大于 b"。而 a<b 不成立（即 a<b 的值是 false），所以电脑就不会执行"a 小于 b"这条输出语句。

提示

在 Java 语言中，if 语句用来做"如果"逻辑的判断。如果 if 条件（即 if 后面括号里的内容）为 true，那电脑按顺序执 if 语句"{}"里的指令；如果 if 条件为 false，那电脑会跳过 if 语句"{}"里的指令。

想一想，如何让电脑自己来判断从键盘输入的两个数的大小呢？你会写这样的程序吗？试试下面这段代码吧。

```java
public static void bool(int a ,int b)
{
    if(a > b){
        System.out.println(" a 大于 b");
    }
    if(a < b){
        System.out.println(" a 小于 b");
    }
}
```

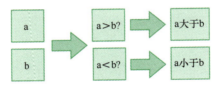

最后我们来总结一下 if 的语法。

if(布尔表达式)

{

// 如果布尔表达式为 true 将执行的语句

}

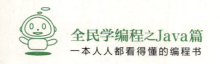

第 3 节　猜猜我是谁

本节我们用电脑的逻辑判断来做一个数学小游戏。

我们让电脑存储一个整数型的数字，并将它命名为 a。每当我们从键盘输入一个整数型参数 b，电脑就会告诉你，在电脑中存储的数字 a 比你输入的数字 b 大还是小，或是等于变量 a 这个数字。我们来试试看，你能不能猜到这个数字。

```java
public static void equals(int b)
{
    int a = 38; //让电脑存储一个变量，这里我设定它的值为 38
    if(a > b)
    {   //如果变量 a 的值比键盘输入的参数 b 的值大
        System.out.println(" 我比 "+b+" 大 ");
    }
    if(a < b)
    {   //如果变量 a 的值比键盘输入的参数 b 的值小
        System.out.println(" 我比 "+b+" 小 ");
    }
    if(a == b)
    {   //如果变量 a 的值和键盘输入的参数 b 的值相等
        System.out.println(" 猜对了 ");
    }
}
```

上面是我写的程序代码，我们让电脑存储了一个数值 38，每次电脑都会比较电脑存储的变量的值和从键盘输入的参数的数值的大小。如果变量的值 38 比从键盘输入的值大，那么电脑就会告诉你"我比它大"。如果变量的值 38 比从键盘输入的值小，那么电脑就会告诉你"我比它小"，直到你猜对为止。我们一起来运行一下这个程序吧。

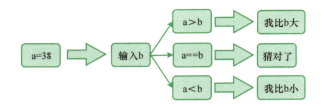

这里你可能会有一点奇怪，程序中的输出语句括号里是一个"加法"表达式，比如第 1 个输出语句中的内容是：

"我比"+b+"大"

其实，在 Java 语言中，"+"除可以代表数学中的"加法"运算符外，还可以代表字符串的连接。我们把代码中用 "" 括起来的文字型的数据叫作字符串数据。而如果两个字符串的中间放上"+"号，则代表这两个字符串中的文字会拼接起来。"+"不仅可以拼接字符串，还可以拼接字符串和数字。

所以，在上面的表达式中，如果参数 b 的值是 1，那电脑最终输出的文字是：

我比 1 大

也就是说，我们可以在输出语句中把变量或者参数的值和其他文字通过"+"号拼接起来，形成一段很长的话。"+"可以拼接很多个字符串和变量。

在上面这段代码中，我的运行界面是下面这样的。

我在键盘输入了一个数字是 100，来让电脑告我，电脑存储的这个数字是比我输入的 100 大还是小。

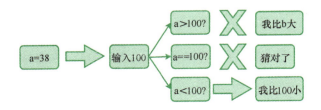

下面是程序运行的结果。

```
BlueJ: BlueJ: 终端窗口 - Learn
选项
我比100小



Can only enter input while your programming is running
```

电脑告诉了我,电脑存储的数字要比我输入的数字小。你也来试试吧,看看你猜多少次才能猜出电脑存储的这个数字。

第 4 节　我还知道其他

通过前面几节,我们已经让电脑学会了最基本的"如果"逻辑。但是在生活中,我们不可能把所有的情况都用"如果"来表达一遍,因为你也不确定会有多少种"如果"条件。所以,我们还可以用"其他"或"否则"来表达除我们列出的"如果"条件外的所有情况。

比如,老师说:"考 100 分的同学和考 0 分同学到我办公室来一下,其他同学开始自习。"我们用"其他"这个词语来代表不是 100 分也不是 0 分的所有同学。

同样,在代码中把每一种情况都用 if 表达出来,是可能的,但也是不可能的。说可能,是因为我们要把所有可能出现的情况都要考虑到,这需要我们做细致且精确的逻辑思考。说不可能是因为,我们人类真的不可能把所有情况都考虑得细致且精确。

我们如果让电脑也学会用"其他"这个逻辑,那就可以让电脑处理我们列出的"如果"条件之外的所有情况。

提示

在 Java 语言中,我们用 else 来代表"其他"或者"否则"这个逻辑词语。电脑会把除 if 列出的条件外的所有情况都当作 esle 来处理。

```
public static void score(int a)
{
    if(a < 60)
    {   // 键盘输入的参数 a 小 60
        System.out.println(" 不及格 ");
    }
    else
    {   // 其他条件
        System.out.println(" 及格 ");
    }
}
```

在上面这段代码中,我们从键盘输入一个学生的成绩,程序会自动判断这个成绩是否及格。如果输入的数值小于 60,则电脑会输出"不及格",对于其他条件则会输出"及格"。即电脑会把除 if 条件(小于 60)外的所有情况都放在 else 中进行处理。

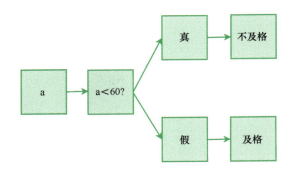

那如果我们想把及格的成绩中大于 80 分的成绩输出为"优秀"应该怎么做呢?见下方代码。

```
public static void score2(int a)
{
    if(a < 60)
    {   // 小于 60 分
        System.out.println(" 不及格 ");
    }
    else
    {  // 其他条件
        if(a >= 80)
        {  // 大于等于 80 分
            System.out.println(" 优秀 ");
        }
        else
        { // 其他条件
            System.out.println(" 及格 ");
        }
    }
}
```

在上面的代码中,我们把 if 条件(小于 60 分)之外的情况都在 else 中执行,我们又对 else 的情况做进一步判断。在 else 条件中,if 条件(大于等于 80 分)的成绩输出为"优秀",其他情况输出为"及格"。

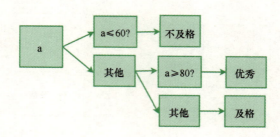

提示

在 Java 语言中，else 必须出现在 if 之后。另外，在 if 或 else 的内容中还可以嵌套一个新的 if 和 else 语句，以此类推。

最后总结一下，if else 的语法。

if（布尔表达式）

{

// 如果布尔表达式的值为 true，则执行这里的语句

}

else

{

// 如果布尔表达式的值为 false，则执行这里的语句

}

第 5 节　比一比谁最大

本节我们来结合前面学习的内容，来做一个数学小游戏。

我们通过键盘输入 3 个数字，让电脑来告诉我们在输入的数字中最大的数字是什么。

在开始写代码之前，我们要先想一想，我们要让电脑怎么实现这个比大小的过程，即我们准备让电脑执行一些什么样的指令。这也就是我们常说的算法设计。

提示

在 Java 语言中，我们把实现程序功能的逻辑叫作算法。

那么我们像下面这样，来设计一个比较 3 个数大小的算法，具体流程见下图。

从键盘输入 3 个数字——a、b、c

定义一个变量 d，用来存放最大的数

比较 a 和 b 的大小

如果 a ≥ b，那么把 a 放进变量 d

否则，把 b 放进变量 d

比较 c 和 d 的大小

如果 c ≥ d，那么输出 c 为最大数

否则，输出 d 为最大数

我们来思考一下，上面这个算法是不是可以让电脑输出 3 个数中的最大数。

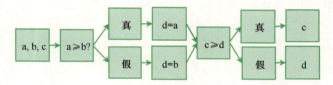

我们假设输入的三个数 a、b、c 分别是 1、2、3，那么按照我们的上面的算法进行验证，具体流程见下图。

从键盘输入三个数字——1、2、3

定义一个变量 d，用来存放最大的数

如果 1 ≥ 2 不成立，则执行否则条件

把 2 放进变量 d

比较 3 和 d 的大小

如果 3 ≥ 2 成立，则输出 3 为最大数

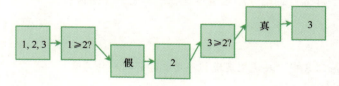

通过上面的验证我们可以看出，这个算法的结果是正确的。你也可以用其他数字来多验证几次算法。

在我们在写程序代码之前，都要进行算法设计，并通过数据来验证算法的正确性。只有我们的算法是正确的，电脑才会执行出正确的结果。

算法设计已经完成了，接下来就该是写程序的代码了。下面是我写的代码。

```java
/**
 * 从键盘输入 3 个数字 a、b、c
 */
public static void bijiao(int a,int b,int c)
{
    int d = 0; // 定义一个变量 d，用来存放最大的数
    /**
     * 比较 a 和 b 的大小
     */
    if(a >=b)
    {
        d = a; // 如果 a ≥ b，则把 a 放进变量 d
    }else{
        d = b; // 否则把 b 放进变量 d
    }
    /**
     * 比较 c 和 d 的大小
     */
    if(c >= d)
    {
        System.out.println(c); // 如果 c ≥ d，则输出 c 为最大数
    }
    else
    {
        System.out.println(d);// 否则输出 d 为最大数
    }
}
```

你写的代码跟我的一样吗？试试看，这段代码能不能让电脑计算出 3 个数的最大值呢？

第 6 节　我自己会选择

前面几节我们学习了如何让电脑处理"如果"和"否则"逻辑的办法。回想一下,两个关键的指令"if"和"else",我相信你已经知道他们该怎么用了。

if 条件语句用来判断是真是假,也就是说,if 条件语句中的条件是一个 boolean 型(布尔型)的值。

试想一下,如果我们从键盘输入一个数字,这个数字可能是 1、2、3,或者其他任何一个数字,我们让电脑来输出这个数的汉字写法,"一"或者"二",或者"三",或者"其他"。这个程序你会怎么设计算法呢,是不是下面这样?

输入一个数字 a

如果 a == 1,则输出汉字"一"

其他

如果 a == 2,则输出汉字"二"

其他

如果 a == 3,则输出汉字"三"

其他,则输出汉字"其他"

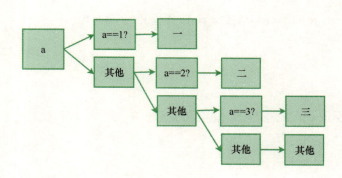

按照上面的算法设计,我们来用代码实现这个程序。

```java
/**
 *
 * 输入一个数字 a
 */
public static void ruguo(int a)
{
    if(a == 1)
    {
        System.out.println("一"); // 如果 a = 1，则输出汉字 "一"
    }else
    { // 其他
        if(a == 2)
        {
            System.out.println("二"); // 如果 a =2，则输出汉字 "二"
        }
        else
        { // 其他
            if(a == 3)
            {
                System.out.println("三"); // 如果 a = 3，则输出汉字 "三"
            }
            else
            { // 其他
                System.out.println("其他"); // 输出汉字 "其他"
            }
        }
    }
}
```

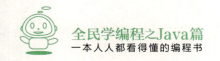

我们通过输入测试数据，可以看到电脑确实按照我们设想的输出了对应的汉字。

但是上面的这段代码看起来并不够简洁明了。我们要多次用 if 和 else 来嵌套才能实现这个算法。这种多次嵌套会让程序看起来显得非常凌乱。虽然电脑并不介意这种凌乱，但作为人类的我们会看得眼花缭乱。那么有没有一种更好的写法呢？

我们看到，在上面的 if 条件中，用的都是相等表达式。在我们人类的逻辑中，要表达"如果相等"这个逻辑，可以用"当"这个逻辑来代替。比如，"当 a 为 1 时，让电脑输出汉字'一'"。那么我们用"当"逻辑来重新设计这个算法，是不是下面这样呢？

输入一个数字 a

当 a 为 1 时，输出汉字"一"

当 a 为 2 时，输出汉字"二"

当 a 为 3 时，输出汉字"三"

当 a 为其他值时，输出汉字"其他"

这时我们的算法看起来更简洁了，那我们该怎么用代码表达"当"的逻辑呢？

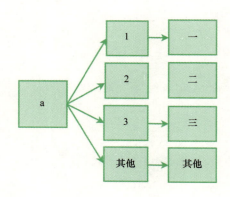

> **提示**
>
> 在 Java 语言中，我们用 switch case 语句代表"当"逻辑。

下面是根据上面的算法写的程序代码。

```java
/**
 *
 * 输入一个数字 a
 */
public static void dang(int a)
{
    switch (a)
    {
        case 1 :
            System.out.println("一");   // 当 a 为 1 时，输出汉字"一"
            break;
        case 2:
            System.out.println("二");   // 当 a 为 2 时，输出汉字"二"
            break;
        case 3:
            System.out.println("三");   // 当 a 为 3 时，输出汉字"三"
            break;
        default:
            System.out.println("其他"); // 当 a 为其他值时，输出汉字"其他"
    }
}
```

上面的代码是不是看起来简洁明了多了。

"当"的逻辑可以用 switch case 语句来实现。switch case 语句有它固定的写法，要严格按照它的规定来写。

在上面代码中，

```
switch(a)
{
}
```

代表开始选择 a 变量的值，并根据它的值执行不同的指令。

- "case 1:"这样的语句，代表"当"逻辑的情况。这里"case 1:"代表，当 a 的值为 1 时，执行":"后面的语句。这里要特别强调一下，这个地方用的是":"，而不是"{}"哦！电脑会把 case 语句":"后面的语句按顺序来执行，直到遇到 break 为止。

- "stem.out.println(" 一 ");"这是进入 case 情况后执行的指令，可以写很多语句，直到遇到 break 为止。这里我们只有一条输出指令。

- "break;"这是进入 case 情况后的结束语句，当电脑执行到这条指令时，就会认为"当"逻辑进入的 case 情况下的指令语句已经执行完了，后面的语句不是当前 case 情况下的语句了。

- "default:"代表，如果不符合所有的 case 情况，则会执行在 default 情况下的语句。一般我们会把 default 写在所有 case 情况的最后面，所以在 default 情况下的语句全部执行完以后，switch 逻辑就全部判断完了（即"当"逻辑已经结束了），所以 default 情况下可以省略不写 break 语句。

说到这里，switch case 语句的写法是不是挺复杂的。不用紧张，你只要记住它的固定语法格式即可。下面是 switch case 的语法。

```
switch（参数或变量）
{
    case 情况一:
        执行语句块;
        break;
    case 情况二:
        执行语句块;
        break;
```

```
    // 这里可以有任意数量的 case 语句
    default:
        执行语句块;
}
```

第 7 节 "如果"还是"当"

在第 6 节中,我们学到了一个新的 Java 语法——switch case。我们也通过实例看到,switch case 和 if else 在实际的编程过程中是可以互相通用的。也就是说,用 if else 可以实现的程序也可以用 switch case 来实现,反过来,用 switch case 可以实现的程序也可以用 if else 来实现。那么我们在实际编程中,要怎么来选择到底要用哪种逻辑呢?

Java 语言并没有明确规定这两种逻辑语法分别应该在什么情况下使用,也就是说,你甚至可以只学习一种逻辑,就可以完成想要实现的程序。但是,我们在实际编程开发中会发现,用 if else 还是 switch case 其实是两种不同的思路。

比如,我们从键盘输入 1 ~ 12 之间的任意一个数字,让电脑根据输入的数字,分别输出我们从键盘输入数字对应的季节。

我们先用"如果"逻辑(即 if else)来实现这个程序。用"如果"逻辑的算法设计像下面这样。

从键盘输入一个数字 a

如果 a ≥ 1 并且 a ≤ 3,则输出汉字"春季"

否则

如果 a ≥ 4 并且 a ≤ 6,则输出汉字"夏季"

否则

如果 a ≥ 7 并且 a ≤ 9,则输出汉字"秋季"

否则

如果 a ≥ 10 并且 a ≤ 12,则输出汉字"冬季"

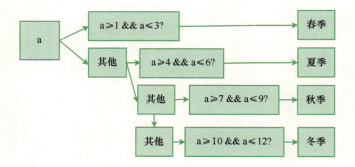

那么根据这个算法设计,我们的程序代码是下面这样的。

```java
/**
 * 输入一个数字 a
 */
public static void jijie(int a)
{
    if (a >= 1 && a <= 3)
    {
        System.out.println("春季");  //如果 a≥1 并且 a≤3,则输出汉字"春季"
    }
    else
    {
        if (a >= 4 && a <= 6)
        {
            System.out.println("夏季");  //如果 a≥4 并且 a≤6,则输出汉字"夏季"
        }
        else
        {
            if (a >= 7 && a <= 9)
            {
                System.out.println("秋季");  //如果 a≥7 并且 a≤9,则输出汉字"秋季"
```

```
            }
            else
            {
                if (a >= 10 && a <= 12)
                {
                    System.out.println("冬季"); //如果 a ≥ 10 并且 a ≤ 12，则输出汉字"冬季"
                }
            }
        }
    }
}
```

用"当"逻辑（即 switch case）来实现这个程序的算法设计像下面这样。

从键盘输入一个数字 a

当 a 为 1 时，输出汉字"春季"　　　　　　当 a 为 7 时，输出汉字"秋季"

当 a 为 2 时，输出汉字'春季"　　　　　　当 a 为 8 时，输出汉字"秋季"

当 a 为 3 时，输出汉字"春季"　　　　　　当 a 为 9 时，输出汉字"秋季"

当 a 为 4 时，输出汉字"夏季"　　　　　　当 a 为 10 时，输出汉字"冬季"

当 a 为 5 时，输出汉字"夏季"　　　　　　当 a 为 11 时，输出汉字"冬季"

当 a 为 6 时，输出汉字"夏季"　　　　　　当 a 为 12 时，输出汉字"冬季"

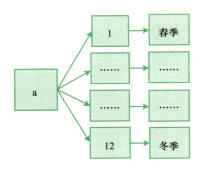

那么根据这个算法设计，我们的程序代码是下面这样的。

```java
/**
 *
 * 输入一个数字 a
 */
public static void jijie2(int a){
    switch (a)
    {
        case 1 :
            System.out.println(" 春季 "); //当 a 为 1 时，输出汉字 "春季"
            break;
        case 2:
            System.out.println(" 春季 "); //当 a 为 2 时，输出汉字 "春季"
            break;
        case 3:
            System.out.println(" 春季 "); //当 a 为 3 时，输出汉字 "春季"
            break;
        case 4 :
            System.out.println(" 夏季 "); //当 a 为 4 时，输出汉字 "夏季"
            break;
        case 5:
            System.out.println(" 夏季 "); //当 a 为 5 时，输出汉字 "夏季"
            break;
        case 6:
            System.out.println(" 夏季 "); //当 a 为 6 时，输出汉字 "夏季"
            break;
        case 7 :
            System.out.println(" 秋季 "); //当 a 为 7 时，输出汉字 "秋季"
```

```
            break;
        case 8:
            System.out.println("秋季"); // 当 a 为 8 时，输出汉字"秋季"
            break;
        case 9:
            System.out.println("秋季"); // 当 a 为 9 时，输出汉字"秋季"
            break;
        case 10:
            System.out.println("冬季"); // 当 a 为 10 时，输出汉字"冬季"
            break;
        case 11:
            System.out.println("冬季"); // 当 a 为 11 时，输出汉字"冬季"
            break;
        case 12:
            System.out.println("冬季"); // 当 a 为 12 时，输出汉字"冬季"
            break;
    }
}
```

上面两种写法在运行程序后，输出的结果是一模一样的。但是我们从上面两种写法上可以看出：用 if else 语法，可以将输入的条件归纳总结，以减少条件判断的次数；而用 switch case 语法，则要把所有的可能值都列出来。

那么针对我们的这个问题，你认为上面那种写法更好呢？

有人认为用 if else 的语法更好，因为可以在 if 条件中写上归纳出的判断表达式，可以减少我们的代码量。也有人认为用 switch case 语法更好，因为可以清晰地根据代码看到程序的判断逻辑，程序结构简洁明了，不需要我们去对输入数据归纳出规律。

其实这两种说法都没有错，到底是用 if else 还是 switch case，很多时候不是取决于电脑程序的需要，而是取决于你用哪一种思路来解决问题。如果你能很清楚地根据要解决的问题总结出问题的规律，那么用 if 条件的表达式来解决可能更适合。但是如果你不想总结归纳规律，

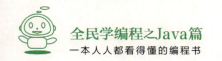

只是想简单地解决眼前这个实际问题,那么 switch case 可能更适合你。

在 Java 语言中,if else 语法是让电脑来判断一个表达式的真假来决定程序将要执行的分支;而 switch case 是列出所有可能情况,让电脑根据具体的数据值来选择一个要执行的分支。

第 8 节　我还可以更简单

现在,我们已经完全学会了电脑逻辑判断的两种方法,用 if else 或者 switch case 都可以让电脑开始自己思考问题。我们也知道了两种写法都可以实现相同的程序功能。

也许你可能会更喜欢用 if else,因为它可以用很少的代码就解决问题。但是你有没有发现,当我们用 if else 来写代码的时候,我们需要一层又一层的嵌套"{}"。电脑这么聪明,有没有一种简化的办法,让我写起代码来不那么累呢?当然有。

我们先来回顾一下 if else 的语法。

if(布尔表达式)

{

// 如果布尔表达式的值为 true,则执行这里的语句

}

else

{

// 如果布尔表达式的值为 false,则执行这里的语句

}

当只有一个条件判断时,代码看起来没什么,但是当有两层嵌套时,你会怎么写呢?

if(布尔表达式一)

{

// 如果布尔表达式的值为 true,则执行这里的语句

}

else

{

```
if（布尔表达式二）
{
// 如果布尔表达式二的值为 true，则执行这里的语句
}
else
{
// 如果布尔表达式一和布尔表达式二的值都为 false，则执行这里的语句
}
}
```

要是有 3 层、5 层的嵌套代码看起来就比较可怕了。你需要一层一层地写完整的 if else 语句。那么该怎么简化一下代码呢？

```
if（布尔表达式一）
{
// 如果条件表达式一的值为 true，则执行这里的语句
}
else if（布尔表达式二）{
// 如果布尔表达式二的值为 true，则执行这里的语句
}
else{
// 如果所有布尔表达式的值都为 false，则执行这里的语句
}
```

大家注意看，我们把第 1 层的 else 和第 2 层的 if 写到了一起，就形成了一种新的写法。

```
else if（布尔表达式二）
{
}
```

这种写法就是 else 条件嵌套的简化写法，它也是完全可以被电脑正确识别的写法，之所以这样写，只是为了写代码方便。

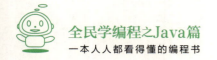

那么现在，你回想一下我们之前写的判断一年四季的代码，是不是可以简化成下面这样了。

```java
/**
 * 输入一个数字 a
 */
public static void jijie3(int a)
{
    if (a >= 1 && a <= 3)
    {
        System.out.println("春季"); // 如果 a ≥ 1 并且 a ≤ 3，则输出汉字"春季"
    }
    else if (a >= 4 && a <= 6)
    {
        System.out.println("夏季"); // 如果 a ≥ 4 并且 a ≤ 6，则输出汉字"夏季"
    }
    else if (a >= 7 && a <= 9)
    {
        System.out.println("秋季"); // 如果 a ≥ 7 并且 a ≤ 9，则输出汉字"秋季"
    }
    else if (a >= 10 && a <= 12)
    {
        System.out.println("冬季"); // 如果 a ≥ 10 并且 a ≤ 12，则输出汉字"冬季"
    }
}
```

把 if else 的嵌套改写成这样，是不是看起来简单多了。

提示

在 Java 语言中，我们可以用 else if（布尔表达式）的写法来简化嵌套，使代码看起来更整洁。

这时我们发现，每个条件语句都只有一条执行指令，比如当条件语句 if(a >=1 && a<=3) 成立时，它只有一条输出指令 System.out.println（"春季"）；其他的条件语句也是这样，都只有一条执行指令。那么，我们还可以更简化吗？看看下面的我这种写法吧。

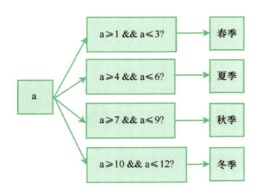

```
/**
 * 输入一个数字 a
 */
public static void jijie4(int a)
{
    //如果 a ≥ 1 并且 a ≤ 3，则输出汉字"春季"
    if(a >=1 && a<=3)  System.out.println(" 春季 ");
        //如果 a ≥ 4 并且 a ≤ 6，则输出汉字"夏季"
    else if(a >=4 && a<=6)  System.out.println(" 夏季 ");
        //如果 a ≥ 7 并且 a ≤ 9，则输出汉字"秋季"
    else if(a>=7&& a<=9)  System.out.println(" 秋季 ");
        //如果 a ≥ 10 并且 a ≤ 12，则输出汉字"冬季"
    else if(a>=10&& a<=12)  System.out.println(" 冬季 ");
}
```

是的，你没有看错，我们还省略掉了 if 条件后面的"{}"。

在 Java 语言中，如果在 if 语句中只有一条要执行的指令，那么可以省略"{}"。

通过上面两步的简化,我们把原先需要很多行的代码,简化成了在方法中只有四行语句。if else 语句的简化,虽然并不会让电脑执行起来更快,但是却让我们写代码更简洁。你学会了吗?试着把我们之前的代码都做一下简化吧。

第 9 节　奇怪的百分号

本节我们来学习一个只有在电脑中才会出现的运算符 "%"——取余运算符。

我们在学校里学习整数的除法时,会学到一个数学名词 "余数"。什么叫余数呢?比如我们计算 7 除以 2 的时候会发现,用整数是除不尽的,7 除以 2 等于 3 还剩 1。这里的 1 就是余数,余数就是整数相除后还剩下的那个数。

取余运算符,顾名思义,就是取两个整数相除后的余数的运算符。

比如像下面这样。

```
7%2
```

大家想一想,上面这样的运算结果是多少呢?是得数 3,还是余数 1?答案是余数 1。也就是说,7%2 的结果是 1。

下面是运用取余运算符的一段代码,大家试试看结果是什么?电脑输出的答案是不是 1。

```
public static void quyu()
{
    int a = 7;
    int b = a%2;
```

```
        System.out.println(b);
    }
```

提示

在 Java 语言中，% 是取余运算符，运算结果是前面的整数整除后面的整数之后的余数。

取余运算在 Java 编程中非常常用，巧妙运用取余运算符可以让电脑帮我们实现很多功能。

比如，我们从键盘输入一个数字，来让电脑告诉我们这个数字是不是偶数——能被 2 整除的数就是偶数。这个程序应该怎么写呢？提示一下，用取余运算会很简单哦！下面是我设计的算法。

从键盘输入一个数字 a

如果 a%2 结果为 0，则输出 "它是偶数"

如果结果是其他，则输出 "它不是偶数"

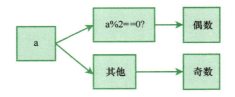

我们用代码来实现这个算法吧。

```
/**
 * 输入一个数字 a
 */
public static void quyu2(int a)
{
    // 如果 a%2 的结果为 0，则输出 "它是偶数"
    if (a%2 == 0)  System.out.println(" 它是偶数 ");
    // 否则输出 "它不是偶数"
    else System.out.println(" 它不是偶数 ");
}
```

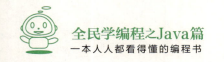

在上面代码中，a%2==0 表示判断 a 整除 2 以后所得余数是否为 0。因为 "%" 优先级要高于 "==" 号，所以电脑会先计算 a%2 的值再和 0 进行比较。

比如，当你输入 1 的时候，1%2 的结果是 1，而 1==0 是不成立的，所以程序会进入 else 语句输出 "它不是偶数"。

当你输入 2 的时候，2%2 的结果是 0，而 0==0 是成立的，所以程序会执行条件成立的指令，输出 "它是偶数"。

这个奇怪的 "%" 你学会了吗？在你的电脑中试试看吧。

第 10 节　一年到底有多少天

本节我们来和电脑做一个有趣的小游戏。

如果我问你："一年有多少天？" 也许你会说，"365 天或者 366 天"。是的，按我们目前的公历历法，有闰年和平年之分。如果今年是平年，那么一年就有 365 天；如果今年是闰年，那么一年就有 366 天。

计算这一年是平年还是闰年的方法，你还记得吗？如果你忘了，也没关系，我们一起来回忆一下。

根据我们目前使用的公历历法的规定，除闰年之外的年份是平年。而闰年又分为普通闰年和世纪闰年。

- 普通闰年：能被 4 整除但不能被 100 整除的年份为普通闰年。（如 2004 年就是闰年，1900 年不是闰年。）
- 世纪闰年：能被 400 整除的年份为世纪闰年。（如 2000 年是世纪闰年，1900 年不是世纪闰年。）

按照上面的算法，我们可以轻易地计算出某年是平年还是闰年，即可以知道这一年有 365 天还是 366 天。那么怎么让电脑来帮我们计算一个年份是平年还是闰年呢？比如我们从键盘输入任意一个年份，电脑可以自动回答这一年是有 365 天还是 366 天。

根据公历历法的计算办法，我们先来设计一下这个程序的算法。

从键盘输入一个数字 a，代表年份。

如果 a 能被 4 整除并且不能被 100 整除，则输出"这一年有 366 天"

否则，如果 a 能被 400 整除，则输出"这一年有 366 天"

否则，输出"这一年有 365 天"

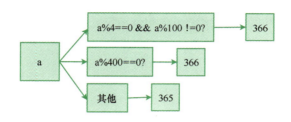

我们在第 9 节已经学习过怎么计算一个数能否被整除，还记得吗？是的，就是用取余运算符。下面是我写的程序代码。

```java
/**
 * 输入一个数字 a，代表年份
 */
public static void runnian(int a)
{
    // 如果 a 能被 4 整除并且不能被 100 整除，则输出"这一年是有 366 天"
    if (a%4 == 0 && a%100 != 0)  System.out.println("这一年有 366 天");
        // 否则，如果 a 能被 400 整除，则输出"这一年有 366 天"
    else if (a%400 == 0)  System.out.println("这一年有 366 天");
        // 否则，输出"这一年有 365 天"
    else System.out.println("这一年有 365 天");
}
```

在上面代码中，我们用"a%4 == 0 && a%100 != 0"来判断从键盘输入的年份是不是普通闰年，也就是"是不是能被 4 整除但不能被 100 整除"。

前面我们学习过，如果用取余运算符取余的结果为 0，则代表该数能被整除，没有余数。如果结果不为 0，则代表该数不能被整除。

同样，我们用"a%400 == 0"来判断从键盘输入的年份是不是世纪闰年，即"能否被 400

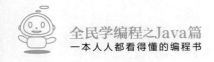

整除"。

在程序中,当这两个布尔表达式值为真时(也就是无论是普通闰年还是世纪闰年),电脑都会输出"这一年有 366 天"。而当这两个布尔表达式都为假时(也就是既不是普通闰年也不是世纪闰年),这一年就是平年,电脑就输出"这一年有 365 天"。

怎么样,你学会了吗?用这段代码在你的电脑中试试看吧。

第 3 章
电脑一点儿也不累

第 1 节　自增和自减

首先，我们来看下面这段代码。

```java
public static void plus ()
{
    int a = 5;
    a = a + 1;
    System.out.println(a);
}
```

这段代码非常简单，我定义了一个整数型变量 a，它的初始值是 5，又计算了 a+1 的值，并把它输出。如果你运行上面的代码，会看到电脑输出了整数 6。

在这段代码中，我们用 a=a+1 对 a 进行重新赋值。在之前的章节中我们学习过，变量的值是可以改变的，即把 a+1 的值作为新的值再次赋值给变量 a 是可以的。因为 a 的初始值是 5，所以 a+1 的值就是 6，把 a+1 的值（6）再次赋值给 a，所以最终 a 的值变成了 6。

在 Java 编程中，像 a=a+1 这样的表达式非常常用，我们很多时候要让整数变量加 1 来让电脑自动实现整数增加。

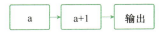

但是像 a=a+1 这样的表达式，在程序运行过程中，我们是很难准确地区分其中这两个 a 的值的。你认真想想看，在上面这个程序中，表达式右边 a+1 中 a 的值是 5，而左边的 a 的值又是 6。在使用变量的时候，我们不得不小心谨慎，认真思考要引用变量 a 的值到底是多少。

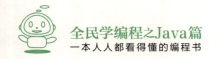

Java语言的设计者也发现了这个问题,所以他设计了一种更巧妙的方式来让这样的整数自动增加看起来更明了,见下方:

```
a++;
```

是的,你没有看错,省去了赋值操作符"==",也省去了数字1,取而代之的是在加号"+"后面又写了一个加号"+"。

提示

在Java语言中,我们把"++"这样的符号叫作自增运算符,用来运算整数变量加1后的值,是a=a+1表达式的简化写法。

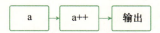

想想看,上面的这段代码是不是可以用自增运算符来改写一下?你知道怎么改吗,是不是像我下面写的这样?

```java
public static void plus ()
{
    int a = 5;
    a++;   // 用自增运算符使变量加1
    System.out.println(a);
}
```

变量a的初始值是5,通过自增运算符"++"操作后,a的值变成了6。用自增运算符是不是让代码看起来更简单明了了?

聪明的你肯定已经想到了自减运算符的写法了吧,没错,就是两个减号"--"。

提示

在Java语言中,我们把"--"这样的符号叫作自减运算符,用来运算整数变量减1后的值。它是a=a-1表达式的简化写法。

那么我们用自减运算符计算一个初始值是5的变量a减1后的值是多少,该怎么写代码呢?没错,就像下面这样。

```java
public static void reduce ()
```

```
{
    int a = 5;
    a--; // 用自减运算符使变量减 1
    System.out.println(a);
}
```

自增运算和自减运算在 Java 编程中有很多用处，一定要牢记它的写法哦！

第 2 节　我可以一直说下去

在这节开始之前，我先提出一个小问题。请你思考一下，如果我请你让电脑输出 10 遍"学习 Java 编程真有趣"，你会怎么写代码？是不是像下面这样？

```
public static void shibian (){
    System.out.println("学习 Java 编程真有趣");
    System.out.println("学习 Java 编程真有趣");
    System.out.println("学习 Java 编程真有趣");
    System.out.println("学习 Java 编程真有趣");
    System.out.println("学习 Java 编程真有趣");
    System.out.println("学习 Java 编程真有趣");
    System.out.println("学习 Java 编程真有趣");
    System.out.println("学习 Java 编程真有趣");
    System.out.println("学习 Java 编程真有趣");
    System.out.println("学习 Java 编程真有趣");
}
```

你可能会说，其实我只写了一遍输出指令，然后把这条指令再复制粘贴 9 次就可以了，这个问题很简单。悄悄告诉你，其实我也是这么做的。

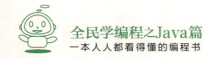

但如果我说，请你让电脑输出 100 遍、1000 遍"学习 Java 编程真有趣"，甚至是无数遍，你还愿意一遍遍地复制粘贴吗？我不愿意，因为太累了，而且容易数错到底粘贴了多少遍。如果电脑连这么小的一个问题都解决不了，还需要我们人类去一遍遍地粘贴，那电脑也太没用了！

那么 Java 到底有没有一种办法，让电脑无数次地执行同一个指令呢？答案是有，而且还很简单。

```java
public static void wushu ()
{
    while(true){
        System.out.println(" 学习 Java 编程真有趣 ");
    }
}
```

首先，要提醒一下你，如果要在电脑中执行上面的这段代码，你可能要做好重启电脑的准备，因为上面这段代码一旦运行起来，电脑就会一直不停地输出"学习 Java 编程真有趣"这句话，而且永远不会停止哦！

回到讲解。你可能注意到了，在上面这段代码中我们用了一个新的程序指令——while。while 指令又叫 while 循环，它让电脑循环重复执行一段代码。在上面的例子中，while 循环让电脑循环重复执行输出指令，所以电脑会一直不停地输出"学习 Java 编程真有趣"这句话。

while 循环的括号部分，是循环执行的条件。当 while 循环的括号中的值为真时，循环会一直执行；当 while 循环的括号中的值为假时，循环将不再执行。在上面的例子中，我们将 while 循环的括号中的值设为 true（真），所以循环会一直执行。

我们也可以给 while 循环的括号中写上布尔表达式，让电脑自己来思考循环要不要执行，就像下面这样。

```java
public static void wushu2 ()
{
    int a = 1;
```

```
    int b = 0;
    while(a>b)
    {
        System.out.prirtln("学习 Java 编程真有趣");
    }
}
```

在上面这段代码中,我们给 while 循环的括号中写上了一个 1>0 的布尔表达式。而我们知道,1>0 是成立的,所以这个布尔表达式的值是 true,所以循环会执行。

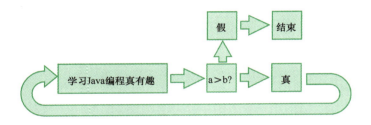

再看看下面这个。

```
public static void wushu3 ()
{
    int a = 1;
    int b = 2;
    while(a>b)
    {
        System.out.println("学习 Java 编程真有趣");
    }
}
```

在上面这段代码中,我们给 wnile 循环的括号中写上了一个 1>2 的布尔表达式。而我们知道,1>2 是不成立的,所以这个布尔表达式的值是 false,所以循环不会执行,电脑什么也不会输出。

学到这里,你学会怎么让电脑一直不停地说话了吗?再次提醒一下,while 循环会让电脑一

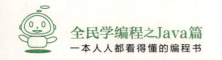

直不停地执行，所以在你的电脑中执行上面的代码，可能会让你的电脑停不下来，你可能要重启电脑才可以。但是即使是这样，也请你一定要执行一下上面的代码，真实体会一下 while 循环的魔力。

最后我们总结一下，while 循环的语法：

while（布尔表达式）

{

　　// 如果布尔表达式为 true，则循环重复执行这里的内容

}

第 3 节　我会自己数数

本节我们来结合前面的内容，做一个简单的数学小游戏。

题目很简单，请你写一个程序，让电脑自己一直不停地数数，也就是从 1 开始一直往下数。这个程序你会写吗？

在写代码之前，我们先来做算法设计。下面是我设计的算法。

定义一个整数型变量 i，并初始化它的值为 1

输出变量 i 的值

让变量 i 自增

循环执行输出和自增操作

我们来验证一下算法设计得对不对。

变量 i 的初始值为 1，那么电脑第一次输出变量 i 的值就是数字 1，变量 i 自增，这时变量 i 的值变成了 2。再次输出变量 i 的值就是数字 2，变量 i 再次自增，变量 i 的值又变成了 3……一直循环重复，就实现了让电脑自己数数。

算法验证是成功的，那么我们来写代码吧。你想到代码该怎么写了吗？下面是我写的代码。

```
public static void shushu ()
{
        int i = 1;   //定义一个整数型变量i，并初始化它的值为1
        while(true){  // 循环执行
            System.out.println(i);  //输出变量i的值
            i++;  //让变量i自增
        }
}
```

在上面的代码中，我们用到了 while 循环，并且将 while 循环的条件设为 true，所以 while 循环会一直执行。而每次循环执行的内容，是先输出变量 i 的值，再让 i 自增，循环重复。电脑会一直不停地数下去哦！

现在，我们来改变一下题目，我们希望电脑能从 1000 倒着数数，你会写这个程序吗？

让电脑从小往大数数，我们用到了自增操作。那么，让电脑从大往小数数，你想到用什么操作了吗？没错，自减操作。

我们来根据这个新的题目，重新做一个算法设计。下面是我设计的让电脑倒着数数的算法。

定义一个整数型变量 i，并初始化它的值为 1000

输出变量 i 的值

让变量 i 自减

循环执行输出和自减操作

我们再来验证一下这个新的倒着数数的算法设计得对不对。

变量 i 的初始值为 1000，那么电脑第一次输出变量 i 的值就是数字 1000，变量 i 自减，这时变量 i 的值变成了 999。再次输出变量 i 的值就是数字 999，变量 i 再次自减，变量 i 的值又变成了 998……一直循环重复，就实现了让电脑自己倒着数数。

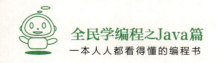

如果电脑倒数到数字 0 的时候呢？它还会倒数吗？后面的数又是多少呢？电脑当然会倒数，0 后面的数字是 -1。也就是说电脑会一直数到负数，而且会按负数的值继续倒数。

提示

在 Java 语言中，int 型数据类型（整数型数据类型）包括正数和负数。

算法验证是成功的，那么我们来写代码吧。你想到代码该怎么写了吗？下面是我写的代码。

```java
public static void daoshu ()
{
    int i = 1000;  // 定义一个整数型变量 i，并初始化它的值为 1000
    while(true)
    {  // 循环执行
        System.out.println(i);  // 输出变量 i 的值
        i--;  // 让变量 i 自减
    }
}
```

现在，你学会让电脑自己数数了吗？快用上面的代码在你的电脑中试一试吧。

第 4 节　我会自己停下来

在前面的几节中，我曾多次提醒你，执行 while 循环会让你的电脑停不下来。那么 while 循环到底能不能停下来呢？总不至于每次写 while 循环都要重启电脑才行吧，那不是很麻烦？

while 循环当然可以停下来，只是我们在前面的代码中都没有写让 while 循环停下来的指令，所以它不会自己停下来。

要让 while 循环停下来的指令像下面这样。

```java
break;
```

这个指令你是不是觉得挺眼熟的，好像在哪里见过？是的，还记得第 2 章中讲到的 switch case 语句吗？在 case 情况下的全部指令都执行完的时候要写上什么？没错，要写上 break。在

switch case 语句中，break 代表 case 情况下的全部内容都已经执行完毕了。那么在 while 语句中它又代表什么呢？

在 while 语句中，写入 break 指令，代表告诉电脑结束 while 循环，不再执行 while 指令。比如像下面这样。

```java
public static void shushu2 ()
{
    int i = 1;
    while(true)
    {
        System.out.println(i);
        i++;
        break;
    }
}
```

上面这个方法代码和本章第 3 节的从小往大数数代码的区别是：在这个方法的 while 循环中加入了 break 语句。前面我们说过，在 while 循环中出现 break 指令，就代表告诉电脑结束循环，不再执行循环。那么在你的电脑中试试看，执行这段代码会发生什么。

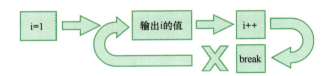

因为在这个方法中，电脑在执行了一次循环后就遇到了 break 语句，所以它会马上结束循环，因此你会看到，在执行这个方法后，电脑只显示了一个数字 1，也就是只显示第一次循环的结果，后面的循环就不再执行了。

提示

 在 Java 语言中，我们用 break 语句让 while 循环提前终止。

这里提一个思考问题。在上面的例子中，我们把 break 语句写在 while 循环内容的最后。如

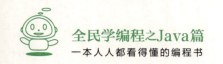

果我们把 break 语句写在 while 循环内容的最前面,会发生什么呢? while 循环会执行几次?

在 while 循环中,一旦遇到 break 语句就会马上终止循环,break 后面的语句不会被执行。所以,如果我们把 break 语句写在 while 循环内容的最前面,那么 break 语句后面的内容就永远不可能被执行。因为电脑会认为这是一个语法错误,是无法通过 BlueJ 的语法检查的。

第 5 节　你要我停我就停

在第 4 节中,我们学会了怎么让 while 循环停下来。但是我们发现,在 while 循环内容中使用 break 语句,虽然可以使 while 循环停下来,但也只是让 while 循环执行了一遍,这让我们使用 while 循环没有了意义。

难道使用 while 循环就真的只能是永远停不下来,或者完全没有意义吗?当然不是,我们在第 4 节中使用 break 语句来终止 while 循环时并没有给 break 语句设定条件,如果设定了一个条件,那么电脑就会按我们设定的执行几遍。

提到条件设定,你想到了什么?还记得我们第 2 章的内容吗?"如果"逻辑是不是挺符合我们所说的条件设定?是的,如果在 while 循环中增加 if 语句,就可以让电脑按我们的想法来停止。

还是前面说的数数游戏,我们希望电脑从 1 数到 100,然后就停一下,这个程序该怎么写?

在写代码之前我们要先做什么?没错,先来做算法设计。下面是我设计的算法。

定义一个整数型变量 i,并初始化它的值为 1

输出变量 i 的值

让变量 i 自增

循环执行输出和自增操作

如果变量 i 的值是 101,则终止循环

我在原来数数的算法中增加了一个条件判断——如果变量 i 的值是 101,则终止循环。

你可能会问,为什么在 i 的值是 101 的时候终止循环,而不是 100?因为,我们的算法是先输出变量 i 的值,再让变量 i 自增。当 i 的值从 1 自增到 100 的时候,我们先让电脑输出了数字 100,又让变量 i 做了自增,这时候 i 的值就变成了 101,我们判断 i 的值是 101 的时候

就终止循环，那么 101 这个数字就不会被电脑输出。

如果设定的条件是"如果变量 i 的值是 100，则终止循环"，你想想看，会发生什么呢？没错，当电脑输出到 99 后，变量 i 自增变成 100，这时候终止条件就达到了，最后的数字 100 就不会被电脑输出了。

算法验证完了，我们来写代码吧。下面是我写的代码。

```java
public static void shushu3 ()
{
    int i = 1; //定义一个整数型变量 i，并初始化它的值为 1
    while(true)
    { //循环执行
        System.out.println(i); //输出变量 i 的值
        i++; //让变量 i 自增
        if(i == 101)
        {
            break; //如果变量 i 的值是 101，则终止循环
        }
    }
}
```

按照前面的算法设计，上面的代码会让电脑从 1 数到 100 然后停下来。

我们在 while 循环中使用 if 条件表达式给 while 循环设定条件，并在满足条件的时候让 while 循环停下来。

在上面的例子中，我们让 while 循环执行了 100 次，你还可以试试修改这个代码，让电脑

执行你想要它执行的次数，比如 200 次或者 1000 次。

你再想想，还有没有别的办法让电脑停下来呢？提示一下，我们也可以不用 break 语句就能让 while 循环结束，你想到办法了吗？

在前面我们说到——在 while 循环的括号中可以写布尔表达式，即 while 循环本身是自带停止开关的。我们只要在程序循环中让 while 的布尔表达式变成不成立，那 while 循环就会停止执行。说到这里你有什么想法了吗？我们一起来设计一个新的算法吧。

定义一个整数型变量 i，并初始化它的值为 1

输出变量 i 的值

让变量 i 自增

当变量 i 的值不是 101 时，循环执行输出和自增操作

这是我设计的一个让电脑从 1 数到 100 的另一种算法。在这个算法中，我们给循环增加了设定条件，就是变量 i 的值不能是 101。如果变量 i 的值是 101，那循环的条件就达不到了，循环也就不会再继续执行了。

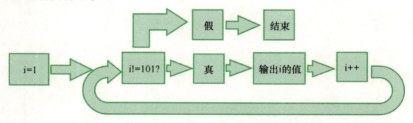

根据上面的算法，你想到代码该怎么写了吗？下面是我写的代码。

```java
public static void shushu4 ()
{
    int i = 1;  //定义一个整数型变量i，并初始化它的值为1
    while(i != 101)
    {   //当变量i的值不是101时，循环执行输出和自增操作
        System.out.println(i);  //输出变量i的值
        i++;  //让变量i自增
    }
}
```

在上面的代码中，我们给 while 循环增加了条件 "i!=101"，while 循环在每次执行循环内容后，会重新判断括号中的布尔表达式。如果 i 自增到 101，那么 "i!=101" 这个布尔表达式（即 "i 不等于 101"）就是不成立的，它的值变成了 false。也就是说 while 循环的条件达不到了，所以循环也就停止了。

编程是一件有趣的事情，很多时候解决一个问题可以有很多种办法，你还可以根据自己的想法设计另外一种算法，让电脑从 1 数到 100。试试看吧。

第 6 节　我可以轻松做累加

本节我们结合前面几节的内容，做一个数学游戏——数字累加。

假如，你有一个存钱罐，第一天你存进去 1 块钱，第二天你存进去两块钱，第三天你存进去 3 块钱，我问第三天的时候存钱罐里有多少钱，你肯定会很快告诉我，1+2+3=6 块钱。如果你继续存钱，第四天存 4 块钱……第一百天你存进去 100 块钱，请问第一百天的时候你的存钱罐里一共有多少钱？ 1+2+3+4+……+100=？好像这个问题算起来有点困难是不是？

1+2+3+4+……+100=？这样的问题，我们就叫它累加问题。这里是从 1 累加到 100，像这样的问题我们人类计算起来就比较费力了，就算你借助计算器也可能会算错。但是电脑却可以很轻松地计算出来。

想想看，这个问题，我们应该怎么设计算法呢？下面是我设计的算法。

定义一个整数型变量 i，并初始化它的值为 1

定义一个整数型变量 sum，并初始化它的值为 0，用来保存累加的值

sum = sum + i，计算累加

让变量 i 自增

当变量 i 的值不是 101 的时候，循环执行累加和自增

在循环结束后，输出变量 sum 的值

我们来验证一下这个算法能不能达到我们的目的。

变量 i 的初始值是 1，也就是第一天你要存入存钱罐的钱数，变量 sum 的初始值为 0，代表你的存钱罐一开始是空的，里面没有钱。

下面开始存钱，sum = sum + i，代表第一天你开始往存钱罐存钱，你存进去的是 i 的初始值（1 块钱），变量 i 自增变成了 2，代表第二天你要往存钱罐存进去的钱数是两块钱，然后开始循环执行。

当变量 i 自增成了 101（也就是第一百零一天），你应该往存钱罐存 101 块钱，但是不能存了，因为题目只问你存到第一百天的时候有多少钱，所以循环终止。这时候让电脑输出变量 sum 的值（也就是存钱罐里的钱的总数）。

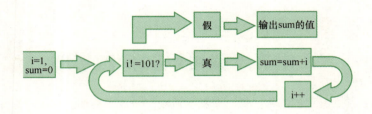

算法验证没有问题，下面我们开始用代码实现这个算法。下面是我的代码。

```java
public static void cunqian()
{
    int i = 1; // 定义一个整数型变量 i，并初始化它的值为 1
    int sum = 0; // 定义一个整数型变量 sum，并初始化它的值为 0，用来保存累加的值
    while(i != 101)
    { // 当变量 i 的值不是 101 时，循环执行累加和自增
        sum = sum + i; // 计算累加
        i++; // 让变量 i 自增
    }
    System.out.println(sum); // 在循环结束后输出变量 sum 的值
}
```

执行一下代码，看看电脑是不是告诉了你答案。我的答案是 5050，也就是从 1 累加到 100 的结果是 5050。电脑计算出答案的时间还不到一秒钟。现在你知道你的存钱罐里总共有多少钱了吧！

你还可以试试，从 100 累加到 200 是多少？应该怎么修改这个程序，我相信你已经知道怎么做了。

第 7 节　我很简单也很强大

学习到这里，我想你应该知道 Java 语言中 while 循环的用法了。

如果你想让电脑把同样的操作执行多次，就需要使用 while 循环。在 Java 语言中还有一种循环，它的写法比 while 循环更简单，但是功能却更强大，那就是 for 循环。

我们先来看看 for 循环的语法。

for(定义并初始化变量 ; 布尔表达式 ; 更新变量)

{

// 如果布尔表达式为 true，则循环重复执行这里的内容

}

我们看到 for 循环的语法结构比较特殊，在它的括号里有 3 个以 ";" 隔开的内容。for 循环在执行的时候，会从左往右依次执行这 3 条内容。为了方便理解，我们来看一个 for 循环的例子。

```java
public static void shushu5 (){
    /**
    * 定义一个整数型变量 i，并初始化它的值为 1
    * 当变量 i 的值不是 101 的时候，循环执行输出
    * 变量 i 自增更新
    */
    for(int i = 1;i != 101;i++)  //for 循环的写法
    {
        System.out.println(i);  // 输出变量 i 的值
    }
}
```

这段代码和我们之前写的用 while 循环从 1 数到 100 的代码功能是一样的，它也可以实现

让电脑从 1 数到 100。但是我们看到，for 循环的代码更简洁了。

在上面的代码中，for 循环括号中的内容从左往右依次是：

- 定义变量并初始化：int i = 1;

- 布尔表达式：i != 101;

- 更新变量：i++

前面我们说过，电脑在执行 for 循环时，会从左往右依次执行程序指令。

所以电脑在执行上面的代码时，会先定义一个整数型变量 i，并初始化它的值为 1（也就是说电脑先把 1 保存进 i 这个变量），然后判断布尔表达式的结果。

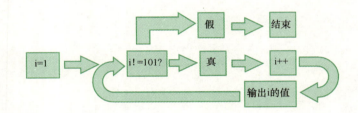

在上面的代码中，我们的布尔表达式是"i != 101"，这时变量 i 的值是 1，所以"i != 101"是成立的。也就是说，当 for 循环中的布尔表达式的值是 true 时，电脑会执行 for 循环中的语句"System.out.println(i)"，会输出变量 i 的值（也就是数字 1）。

在电脑执行完循环内容后，会执行 for 循环括号中的第 3 条语句（即变量更新语句）。在上面的代码中，变量更新语句是"i++"，变量 i 会执行自增操作，这时变量 i 的值从 1 变成了 2。

那么接下来电脑会做什么呢？电脑会再次执行布尔表达式的判断，即再次判断"i != 101"是否成立，这时变量 i 的值是 2，表达式成立，电脑会再次执行 for 循环中的输出语句，然后再次更新变量，执行"i++"……直到电脑循环执行到第 101 次时，布尔表达式"i != 101"不成立，则 for 循环自动结束。

总结一下，for 循环的执行过程是：

定义并初始化变量

判断布尔表达式是否为真

执行循环内容

更新变量

再次判断布尔表达式是否为真

再次执行循环内容

再次更新变量

第三次判断布尔表达式是否为真

……

判断布尔表达式是否为假

循环结束

通过上面的执行过程你会发现，在 for 循环括号中的 3 个指令中，第 1 条指令（也就是定义并初始化变量的指令）只会执行一次，这一点一定要注意哦！

在 for 循环中定义并初始化的变量（也就是 for 循环括号中的第 1 条指令）就像一个计数器一样，通过变量的数值可以很方便地判断循环已经执行了多少次，也可以很方便地通过这个计数器控制循环的结束。

for 循环相比 while 循环，语法结构要复杂一些。但你一旦熟悉了它的语法和运行过程就会发现，用 for 循环来让电脑执行循环重复，比用 while 循环更简洁明了。

在第 2 章中，我们知道 if else 语句和 switch case 语句都可以让电脑执行判断，而且完全可以执行出相同的结果。while 循环语句和 for 循环语句也是一样的，都可以让电脑执行循环重复的工作，在实际使用中都可以完成相同的功能。要使用 while 循环还是 for 循环，完全取决于你更喜欢哪种方式。

第 8 节　7 和 7 的倍数

本节我们结合前面学的内容，来和电脑做一个有趣的小游戏。

我们在生活中经常会玩一个叫"7 和 7 的倍数"的游戏。几个朋友围坐在一起，从 1 开始依次轮流往下数数，每人数一个数，并大声喊出来，当数到包括 7 或者是 7 的倍数的数字时就要喊"过"。比如，你数到 7 这个数，这个数是包括数字 7 的，你就要大声喊"过"，否则就算你输。再比如，你数到了 14 这个数，这个数是 7 的倍数，你也要大声喊"过"，否则也算你输。这个游戏需要你能快速地计算出你要数的那个数是否包括数字 7 或是 7 的倍数。

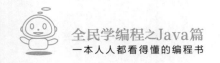

　　这个有趣的游戏，如果用电脑程序来做应该怎么玩呢？为了方便寻找规律，我们把电脑要数的数字范围规定在 50 以内。

　　让电脑数数的方法，前面我们已经学习过了，相信你已经知道怎么让电脑数数了。但是我们要怎么让电脑知道，一个数字是否包括数字 7 或者是 7 的倍数呢？你想到办法了吗？提示一下，还记得我们之前学习过的取余运算吗？

　　首先，我们要让电脑判断一个数中是不是有数字 7。一个数除以 10 来取余，如果余数是 7，则代表这个数的个位上是数字 7。比如 7%10 的结果就是 7，17%10 的结果也是 7。所以我们可以用除以 10 取余的办法来判断这个数的个位上是否为 7，即可以通过用除以 10 取余来判断这个数字中是否有数字 7。

　　那怎么判断一个数是不是 7 的倍数呢？没错，用除以 7 来取余。如果余数为 0，则代表这个数是可以被 7 整除的。比如，7%7 的结果是 0，14%7 的结果也是 0。因为它们都可以被 7 整除，它们除以 7 的余数一定是 0。

　　我们已经找到了要喊"过"的数的规律，凡是符合上面两种情况的数就是包含数字 7 或者是 7 的倍数。现在我们来设计这个程序的算法。下面是我设计的算法。

定义一个整数型变量 i，并初始化它的值为 1

判断 i%10==7 或者 i%7==0 是否为真

- 如果为真，则输出"过"这个字

- 如果为假，则输出 i 的值

让变量 i 自增

循环执行判断输出和自增。

如果变量 i 的值大于 50，则终止循环

　　这个算法的最后一步，我们规定变量 i 的值大于 50 就终止循环，即当电脑数到数字 51 时就不执行循环了。

　　我们来验证一下这个算法是否能实现我们的设计。

　　变量 i 的初始值是 1。在第一次循环时，电脑会判断 1 是不是包括数字 7 或者能被 7 整除。1 当然不包括数字 7，也不能被 7 整除，所以"i%10==7 或者 i%7==0"的结果为假，电脑会直接输出 1。然后变量 i 自增变成 2，再执行判断，以此类推。

　　当变量 i 的值自增到 7 时，7 包括数字 7，也能被 7 整除，所以"i%10==7 或者 i%7==0"

的结果为真，电脑会输出"过"这个字，循环继续执行。

当变量 i 的值自增到 14 时，14 不包括数字 7，但是却能被 7 整除，所以"i%10==7 或者 i%7==0"的结果为真，电脑也会输出"过"这个字。

直到变量 i 自增到大于 50，也就是到 51 时，循环不再执行。

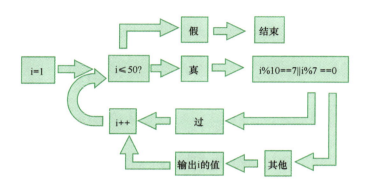

算法验证成功，根据上面的算法设计，我写的程序代码像下面这样。

```
public static void shuziqi()
{
    /**
     * 定义一个整数型变量 i，并初始化它的值为 1
     * 如果变量 i 的值小于或等于 50，则执行循环内容
     * 如果变量 i 的值大于 50，则终止循环
     * 在执行完循环内容后让变量 i 自增
     */
    for(int i = 1 ; i <= 50 ; i ++)
    {
        /**
         * 判断 i%10==7 或者 i%7==0 是否为真
         */
        if( i%10 ==7|| i%7 ==0 )
```

```
        {
            System.out.println("过 ");   // 如果为真，则输出 "过" 这个字
        }
        else
        {
            System.out.println(i);   // 如果为假，则输出 i 的值
        }
    }
}
```

在上面的代码中，我们用 for 循环来让电脑数数。我们在本章的第 7 节讲过，for 循环和 while 循环可以实现相同的功能。如果你更喜欢用 while 循环，也可以试着用 while 循环来实现这个算法。

在上面的代码中，我们用 " i%10 ==7||i%7 ==0" 来判断当前循环的变量 i 的值是不是包括数字 7 或是 7 的倍数。除此之外的数字，就直接让电脑输出。

你学会这个有趣的游戏了吗？如果这个游戏的数字范围再扩大一点，比如让电脑从 1 数到 1000，这个游戏你还会玩吗？

比如，电脑数数到 70 时，这个数字也是包含数字 7 的，但是用上面两种方法判断就不成立了，那么要怎么判断呢？

提示一下，70 这个数，用除法算式 70/10 的结果是 7 哦！快自己试着写一下吧。

第 9 节　让数字排成队

在学习新的内容之前，我想先问你，对于 Java 语言中的变量你是否已经完全明白了？

在我们学习变量的时候，用小盒子来举例说明。在电脑中，我们用变量来存储数据，每个变量就像电脑中的小盒子，电脑中一共有 8 种不同类型的小盒子，所以可以定义 8 种不同类型的变量来存储数据。

现在请你想一想，如果要让电脑存储 10 个类型相同但数值不同的数据，比如存储 10 个数字，你要怎么做？没错，你可以定义并初始化 10 个变量，就像下面这样。

```
int a = 1;
int b = 2;
int c = 3;
int d = 4;
int e = 5;
int f = 6;
int g = 7;
int h = 8;
int i = 9;
int j = 10;
```

我们通过上面的代码让电脑存储 10 个不同的整数。你可以把这段代码放进你自己的程序里，然后就可以用这 10 个变量来完成你想要做的事。

但是，你可能发现了，我们要让电脑存储 10 个数字，就要定义 10 个变量，每个变量都有自己的名字。当你要使用这些变量的时候，需要准确使用这些变量名。

在上面的代码中，我们用 "int g = 7" 来让电脑用变量 g 存储数字 7。当你想让电脑输出 7 这个数字时，你可以用输出指令 "System.out.println(g)" 来让电脑输出变量 g 的值（也就是数字 7）。是不是也挺麻烦的？而且当要存储的数据很多时，你就要定义很多的变量。当变量变得越来越多时，使用变量也会变得越来越麻烦。

那么电脑中有没有一种更简洁的办法，可以让电脑存储很多个相同类型的数据呢？当然有，这就是我们下面要学习的一种数据结构——数组。

提示

在 Java 语言中，我们把电脑存储、组织数据的方式叫作数据结构。

如果把变量当作电脑中的小盒子，那么数据结构就是把变量（也就是电脑中的小盒子）堆放在一起的方式。堆放的方式有很多，比如你可以把所有盒子堆成一个很高的柱子，也可以把盒子堆成一面墙等。数组是电脑堆放变量的一种方式，也是最基本的一种方式。下面的三个图都是数组的示意图。

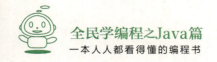

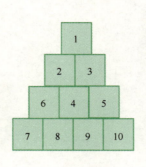

数组是电脑存储、组织数据最基本的一种方式。可以把变量一个个地从左往右排放成一排。因为每个小盒子都是一样的规格，所以它们可以排成一个整齐的队伍，如下图这样。

数组是一种数据结构，并不是数据类型，它只是把具有相同数据类型的数组存放在一起的方式，方便我们使用。当我们要用数组的方式来存储数据时，该怎么做呢？

就像下面这样，我们用"int[] a"来定义一个整数型数组变量a。也就是说，这个变量的变量名是a，但它是一个整数型数组变量，它让电脑以数组的方式存储多个整数型的数据。

```
int[] a = {1,2,3,4,5,6,7,8,9,10};
```

而赋值操作符（等号"="）右边是它的初始化数据，用"{}"括起来，并且每个数据之间用","来分隔。所以上面这条语句就是告诉电脑，把"1,2,3,4,5,6,7,8,9,10"这10个整数，用数组的方式存储在数组型变量a中，如下图所示。数组中的每一个数据，比如数组a中的数据1、2、3……我们叫作元素。

提示

在Java语言中，我们把数组中的数据叫作数组的元素。

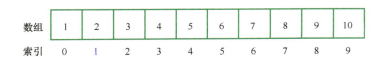

那当我们要使用数组中的元素时，该怎么办呢？比如我们要使用上面变量 a 中的元素 7，该怎么办呢？

提示

Java 语言的设计者，用一种给数组中的元素编号的方式来让我们使用数组中的元素，这个编号叫作数组的索引，如下图所示。

数组	1	2	3	4	5	6	7	8	9	10
索引	0	1	2	3	4	5	6	7	8	9

每一个数组，从定义并初始化起，就自动给每个元素分配好了自己的编号——索引。也就是说，数组的索引是由电脑自己分配的，并不受程序控制。

这里要强调一点，数组的索引是从 0 开始的哦！也就是说，数组中第 1 个元素的编号（索引）是 0。所以，如果你定义并初始化的数组变量中有 10 个元素，那么它们的编号就是 0～9 哦！

| 0 | 1 | 2 | 3 | 4 | 5 | 6 | 7 | 8 | 9 |

那么，我们要使用数组中的一个元素，比如要使用上面定义的数组变量 a 中的第 1 个元素，该怎么办呢？就像下面这样。

a[0]

用数组的变量名，加上"[]"，并在"[]"中写上你要使用的数组的索引。

提示

在 Java 语言中，把用"变量名 [索引]"这样使用数组中元素的方式叫作访问数组元素。

上面的"a[0]"代表取整数型数组变量 a 中第 1 个元素的值。要注意，这里的 0 是数组的索引，并不是数组中存储的数据哦！如果要使用第 2 个元素呢？是的，你只要写成"a[1]"就

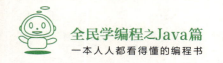

可以了,那么第 3 个元素怎么使用呢?第 4 个呢?我想你肯定已经知道怎么使用了。

1 a[0]	2 a[1]	3 a[2]	4 a[3]	5 a[4]	6 a[5]	7 a[6]	8 a[7]	9 a[8]	10 a[9]

下面是一段使用数组的程序代码。

```java
public static void arrays(){
    int[] a = {1,2,3,4,5,6,7,8,9,10};
    System.out.println(a[0]);
    System.out.println(a[1]);
    System.out.println(a[2]);
    System.out.println(a[3]);
    System.out.println(a[4]);
    System.out.println(a[5]);
    System.out.println(a[6]);
    System.out.println(a[7]);
    System.out.println(a[8]);
    System.out.println(a[9]);
}
```

在上面的代码中,我们定义了一个整数型数组变量 a,并初始化数组变量 a 中存储的数据是 1、2、3、4、5、6、7、8、9、10 这 10 个整数数字,然后通过输出语句依次输出数组变量 a 中的所有元素。请你自己试试看,上面的代码在运行后会是什么结果。

第 10 节　让排队的数字站出来

在第 9 节中,我们学到了一种新的数据结构——数组。数组在编程中非常常用,它可以很方便地让电脑存储很多数据,也可以很方便地让我们使用数组中的数据。但你也可能发现,要让电脑依次输出数组中的元素,就要用数组索引来依次访问数组中的元素,并依次写上输出语句。那么有没有更方便地访问数组数据的办法呢?

在第 9 节中讲到，数组的索引是从 0 开始的编号，结合我们前面学习到的 for 循环，你有没有想到好的办法呢？是的，我们可以用 for 循环来更简洁方便地访问数组中的元素。

我们用数组存储 10 个数字，通过用 for 循环的变量自增，让电脑自动从 0 数到 9，并把电脑数的数作为数组的索引来使用，就可以访问数组中所有的元素了。

提示

在 Java 语言中，依次访问数组中所有的元素，叫作数组的遍历。

下面是用 for 循环遍历输出一个数组中数据的代码。

```java
public static void arrays2()
{
    int[] a = {1,2,3,4,5,6,7,8,9,10};
    for(int i = 0 ; i < 10 ; i++)
    {
        System.out.println(a[i]);
    }
}
```

在上面的代码中，我们把月 for 循环定义的变量 i 作为访问数组数据的索引。

数组的索引是从 0 开始的，所以我们初始化变量 i 的值为 0，也就是让 for 循环从 0 开始依次数数。循环的条件设定为 "i<10"，即变量 i 的值是 0 ~ 9 这 10 个数字，这也正是数组中存储数据的 10 个数的索引。

最后通过输出语句循环输出 "a[i]" 的元素。变量 i 的值是 0 ~ 9，所以 "a[i]" 就是从 a[0] ~ a[9] 的数组元素。通过上面的代码，我们轻易地实现了数组的遍历输出。

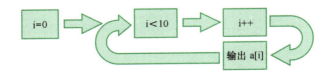

当然，如果你喜欢用 while 循环来遍历数组，也是可以的，你可以自己试试用 while 循环来实现。

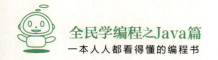

用 for 循环可以让数组的遍历变得简单很多，但 Java 语言的设计者还是觉着有点麻烦，所以他又设计了一种专门用来遍历像数组这种数据结构的 for 循环语法，来让数据遍历变得更加简单。

for(声明语句：数组)

{

// 数组中数据的使用语句

}

在上面的语法中，for 循环的括号中有两个指令，它们不再是用 ";" 来隔开的，而是改用 ":" 来隔开的。for 循环括号中的第一个指令并不是一个完整的指令，它要求我们在这里写上变量使用的声明语句（即这个数组中元素的数据类型和一个新的变量名），以方便我们在循环语句中使用。比如我们要遍历输出上面讲到的 a 数组，就可以像下面这样写。

```
for(int n : a){
    System.out.println(n);
}
```

是的，for 循环更进一步简化了，没有了"计数器"，也不再需要变量自增。而是通过上面的语句让电脑自动判断要循环多少次，并把每次循环取得的数据重新赋值给了一个新的变量 n。

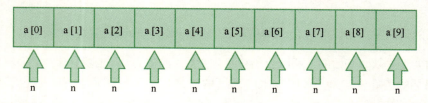

这里要特别强调一下，这里的 "int n" 中的 "int" 是指数组中存储的元素的数据类型。

如果数组中存的是 char 型（即字符型数据），那这里就要写成 "char n"。同样，如果数组中存的是其他数据类型，那就要用对应的数据类型来声明。

在使用 for 循环这种语法时，for 循环会依次遍历数组 a 中的全部元素，而你只需要在循环中使用这个新的变量 n，就可以依次使用数组 a 中的元素了，就像下面这样。

```
public static void arrays3()
{
    int[] a = {1,2,3,4,5,6,7,8,9,10};
```

```
        for(int n : a)
        {
            System.out.println(n);
        }
    }
```

在上面的代码中，用 fcr 循环遍历数组，让电脑输出了数组型变量 a 中的所有元素。它的结果和我们用 for 循环变量自增遍历数组的结果是一样的。

你可以在自己的电脑中试试看，这种新的遍历数据的方法你学会了吗？

第 4 章 电脑会的还有很多

第 1 节　我会画美丽的图案

在之前的章中，我们学习了让电脑"开口说话"最重要的一条指令——输出指令。

在 Java 语言中，输出指令共有 3 种，除之前学习过的"System.out.println()"指令（我们通常称之为 println 指令）外，还有 print 指令和 printf 指令。下面是这 3 种指令的用法和区别。

- println 指令：System.out.println()，可以输出字符串（包括数字、字母、汉字等及其组合）。在每次输出指令执行后，电脑会自动换行。

- print 指令：System.out.print()，可以输出字符串（包括数字、字母、汉字等及其组合）。在每次输出指令执行后，电脑不会自动换行。

- printf 指令：System.out.printf()，可以输出字符串（包括数字、字母、汉字等及其组合）。它继承了 C 语言中 printf 指令的一些特性，可以进行格式化输出。

在以上 3 种输出指令中，printf 指令并不常用，所以这里不做详细介绍，我们重点来学习 println 指令和 print 指令。

println 指令和 print 指令最大的区别是——在指令执行后是否会换行。比如下面这段代码。

```
System.out.println( "*" );

System.out.println( "*" );
```

电脑执行后的显示结果是下面这样的：

```
*
*
```

而像下面这段代码，

System.out.print("*");

System.out.print("*");

电脑执行后的显示结果会是下面这样的：

**

也就是说，用 print 指令输出，电脑会把所有的输出结果都拼接在一起，然后从左往右依次输出。

下面我们来用这两种输出指令，让电脑画出一个简单的三角形图案，就像下面这样：

*
**
***
****

我们先来分析一下这个图案。这个图案是由星号"*"组成的，图案中一共有 4 层，第 1 层有 1 个"*"，第 2 层有两个"*"……

你想到了什么？当然你也可以用四条 println 指令来画出这个图案，但是这样就没有了程序设计的意义。你再想想看，根据上面的规律，是不是可以用我们学习过的循环语句来实现？下面是我的代码。

```java
/**
 * 用星号 * 绘制三角形图案
 *
 */
public static void sjx()
{
    for(int i = 1 ; i < 5 ; i ++)
    {
        for(int j = 1 ; j <= i ; j ++)
        {
            System.out.print("*");
        }
```

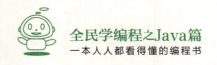

```
        System.out.println();
    }
}
```

在上面的代码中,第1层循环用变量 i 代表层数,i 的值是 1～4,所以电脑会绘制出 4 层星号"*"。第 2 层循环代表要绘制的星号"*"的个数,每次都会绘制出和层数一样多的星号"*"。而在这一层中,我们用到了 print 指令。因为 print 指令不会自动换行,所以要让 print 指令画出多少个星号"*",就要让它循环执行多少次。

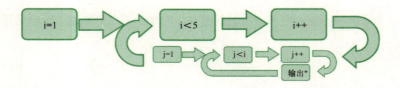

当然你也会发现,每次执行完第 2 层循环(即每一层的图案绘制完)后,我们还要给电脑发送换行指令,我们用"System.out.println();"来让电脑只做换行而不输出任何内容。

怎么样,你学会这两种输出指令了吗?结合这两种指令,来让电脑画一些你自己设计的图案吧。

第 2 节　我会说有标点符号的话

在第 1 节中,我们学习了新的输出提令——print 指令,而我们之前学习的 println 指令,只是在 print 指令上加上换行功能后的写法。

那么,有没有办法只使用 print 指令就让电脑实现换行呢?当然是有的,你可以像下面这样来写 print 指令。

```
System.out.print("\n");
```

你可能会奇怪,上面的代码看起来只是让电脑输出了"\n"这样的字呀,为什么说是换行呢?

提示

在 Java 语言中,"\"是一个非常特殊的符号,我们把它叫作转义符。

转义符在 Java 语言中有特殊的规定，凡是写在转义符后面的字符，都会失去它原先的意义，而变成 Java 语言规定的意义。

比如在上面的输出语句中，电脑在执行输出指令时，遇到"\n"转义字符，就不会把转义符和后面的字母 n 直接输出，而是执行 Java 语言设计者为它规定的意思——换行。

同样，如果是像下面的指令：

```
System.out.println("\n");
```

因为 println 指令本身是有换行的，在指令中用"\n"再做一次转义换行，那么电脑就会换两行。

也许你会觉得，用"\n"转义换行和直接用 println 命令的效果没有什么区别，为什么还要设计转义符呢？那么，现在我们来看看，如果我们想要让电脑输出下面这样一段话。

小明说："老师告诉我说'今天晚上没有作业'"。

你会怎么写代码呢？你是不是想要写成下面这样？

```
System.out.println("小明说:"老师告诉我说'今天晚上没有作业'".");
```

如果这样写的话，在 BlueJ 中你会看到有很多语法错误的提示。因为在 Java 语言中，双引号（""）和单引号（''）都要成对出现，并且都有自己的用途。

在上面这条语句中，""是输出指令，是用来指定输出内容的。而在输出内容中再写上双引号（"），电脑就无法判断要输出的内容到底是从哪里到哪里了。所以，我们必须明确地告诉电脑，哪个双引号或者单引号是输出内容中的，只要原样输出就可以，那要怎么做呢？没错，用转义符来告诉它。

- \"：双引号转义符，告诉电脑在转义符后面的双引号是输出内容中的，电脑会原样输出 "，但不会输出 \ 符号。

- \'：单引号转义符，告诉电脑在转义符后面的单引号是输出内容中的，电脑会原样输出 '，但不会输出 \ 符号。

所以，如果要让电脑输出前面的那句话，就要使用转义符。它的正确写法是下面这样的。

```
public static void zhuanyi()
{
    System.out.println("小明说:\"老师告诉我说\'今天晚上没有作业\'\".");
}
```

用上面的语句试试看,电脑是不是可以正确地输出这句带有标点符号的话了?

在 Java 中,"\"(我们一般在口语中把它读作反斜杠)是作为转义符使用的,即在输出语句中出现的 "\" 是不会被电脑直接输出的。

如果要让电脑输出 "\" 这个符号,那要怎么办?在输出内容中我们要怎么写呢?是的,用转义符对转义符转义输出。听起来就像绕口令,其实就是下面这样的写法。

```
System.out.println("\\");
```

这条语句用转义符转义了 "\"。虽然,在代码中出现了两个反斜杠,但如果你在程序中用这条语句来输出就会发现,电脑只显示出来一个 "\" 符号。

是不是挺有意思的?这几种转义字符的写法,你都学会了吗?快在你的电脑中试一试吧。

第 3 节　我会输出乘法口诀表

在 Java 语言中,除了第 2 节学到的几种常用转义(换行转义、单引号转义、双引号转义、反斜杠转义)外,还有一个常用的转义符——\t(制表转义符)。

制表转义符用来补全当前字符串的长度到 8 的整数倍,它代替最少 1 个最多 8 个空格,而具体补多少空格,要看 \t 前的字符串长度。如果字符串在加 \t 前的长度是 3,那加了 \t 后的长度就是 8,即电脑会自动补充 5 个空格。而如果字符串在加 \t 前的长度是 5,则电脑会自动补充 3 个空格。

使用制表转义符,可以使电脑输出的内容自动对齐。如果你还没有看明白也没有关系,我们来通过一个有趣的程序进一步说明。

比如,我们想要让电脑输出一个九九乘法表,就像下面这样。

```
1×1=1
2×1=2    2×2=4
3×1=3    3×2=6    3×3=9
4×1=4    4×2=8    4×3=12   4×4=16
5×1=5    5×2=10   5×3=15   5×4=20   5×5=25
6×1=6    6×2=12   6×3=18   6×4=24   6×5=30   6×6=36
7×1=7    7×2=14   7×3=21   7×4=28   7×5=35   7×6=42   7×7=49
```

8×1=8	8×2=16	8×3=24	8×4=32	8×5=40	8×6=48	8×7=56	8×8=64	
9×1=9	9×2=18	9×3=27	9×4=36	9×5=45	9×6=54	9×7=63	9×8=72	9×9=81

你会怎么做呢？

首先，上面的乘法表的结构和我们前面讲的用星号"*"制图的结构很像。所以，你应该也想到用循环的方式来让电脑输出这个表。

在上面这个乘法表中，我们用空格来分隔每一个等式。但使用到的空格数量又不完全相同。

比如 4×2=8 这个等式一共有 5 个字符，即长度是 5，在它的后面我们用 3 个空格来补齐。而 5×2=10 这个等式一共有 6 个字符，即长度是 6，在它的后面我们只用两个空格来补齐。这样，每个等式的长度加上后面补充的空格的数量正好是 8。我们用补齐空格的方式，让这张表格看起来很整齐。

如果我们要自己来计算等式的长度，再计算出要补齐空格的数量，当然也是可行的。但是，用制表转义符会让这个问题变得非常简单。

下面是我用 for 循环和制表转义符输出上面这张九九乘法表的代码。

```
/**
 * 格式对齐的九九乘法表
 *
 */
public static void chengfa()
{
    for(int i = 1; i <= 9; i++)
    {
        for(int j = 1; j <= i; j++)
        {
            System.out.print(i+"*"+j+"="+i*j+"\t");
        }
        System.out.println();
    }
}
```

在输出指令中，我们用字符串拼接的方法让电脑显示出等式，并在等式后面加上了"\t"，使电脑自动计算等式的长度并补齐空格到 8 位。使用"\t"转义符就像让电脑的输出放进一张表格里，电脑会让内容自动对齐。

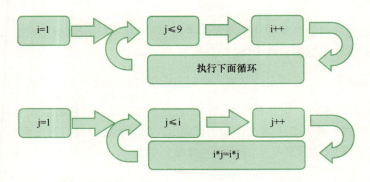

怎么样，是不是很神奇？快在你的电脑中试一试吧。

第 4 节　我会输出英文字母表

前面我们一直在学习数字的排序，数字本身是有大小顺序的，所以我们可以轻易地让电脑从 0 数到 100，甚至一直数下去。那么我们要让电脑自动输出英文字母表，有没有可能呢？

也许你觉得不可思议，但是在 Java 语言中，字母也是有顺序的，而且字母跟数字一样，也是可以自增的。

在下面的代码中，我们用 for 循环让电脑自动输出小写英文字母表。

```java
/**
 * 小写英文字母表
 */
public static void zimu()
{
    for(char i = 'a'; i <= 'z' ; i++)
    {
        System.out.print(i) ;
    }
}
```

运行这段代码你会发现，电脑自动输出了字母 a ~ z 之间的所有字母。

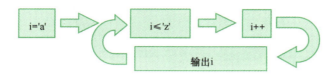

我们仔细看这段代码，在 for 循环中，我们定义的变量 i 是 char 型（即字符型）的，并且初始化变量 i 的值是字母 a。

char 型变量的初始化，要把字母用单引号（''）引起来，在这里千万不可以用双引号（""）。我们前面说过，双引号引起来的是字符串。

提示

在 Java 语言中，用 char 型变量存储一个字符，字符可以是单个的字母、数字、符号等。在初始化变量和赋值时用单引号（''）引起来，代表将字符存储为 char 型。

在上面的代码中，我们通过用 i++ 让 char 型变量 i 自增，使电脑自动按顺序循环输出字母表。但是上面的代码在输出时是没有格式的，所以会从左往右排在一起，看起来并不好看。下面我们给字母表加上格式，让电脑每一行输出 6 个字母。

```java
/**
 * 每行 6 个字母的英文字母表
 */
public static void zimu2()
{
    for(char i = 'a'; i <= 'z' ; i++)
    {
        System.out.print(i+"\t");
        if((i - 'a') % 6 == 5)
        {
            System.out.println();
        }
    }
}
```

在上面的代码中，我们用"System.out.print(i+"\t")"使字母表的输出带有格式，再用"(i - 'a') % 6 == 5"来判断输出了多少个字母，以及是否要换行。

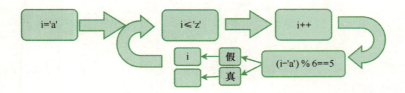

这里你看到，char型变量i居然也可以做数学运算。是的，没错，i - 'a'是让电脑计算循环中的char型变量i与字母a之间的距离。比较变量i的值自增到了字母d，那么这时i - 'a'的值就是3。

我想你一定也想到了大写字母表的输出了吧，你知道怎么写代码吗？是不是像下面这样？

```java
/**
 * 每行6个字母的大写英文字母表
 */
public static void zimu3()
{
    for(char i = 'A'; i <= 'Z' ; i++)
    {
        System.out.print(i+"\t") ;
        if((i - 'A') % 6 == 5)
        {
            System.out.println();
        }
    }
}
```

赶快在你的电脑上试一试吧。

第 5 节　我会让数字按大小排队

本节我们来做一个有趣的数学小游戏。

本节的内容有一点难度，会综合运用到前面几章学习过的知识，而且会涉及比较复杂的逻辑思考。如果你在学习本节的过程中感到理解困难也没关系，那你可以试着往回翻一翻，也可以跳过本节，继续学习后面几章有趣的内容。

有 4 个数字 3、2、4、1，请你让电脑把这 4 个数字从小到大排队输出。

题目看起来非常简单，在开始之前，我们先来分析一下，要让电脑实现题目中的要求，我们要有以下几个步骤。

第一步：把数字存储在电脑中。
第二步：把存储的数字按从小到大重新排列。
第三步：让电脑输出重新排列过的数字。

在上面步骤中，第一步用什么办法解决呢？没错，就是用我们前面讲到的数组来存储。第三步自然是本章第 4 节学习过的数组遍历。这两步看起来我们都可以轻易地做到。但是第二步——把存储的数字按从小到大重新排列（即把数组中的数据按从小到大重新排列），就比较麻烦了。而这个问题就是编程中经典的排序问题。

提示

 在 Java 语言中，我们把数组中的数据按从小到大的顺序重新排列叫作"数组的排序"。

很多编程的人为了解决数组的排序问题，发明了很多种理论和方法。在这里我不一一列举了，我们使用其中最好理解，也最受大家喜欢的排序方法——冒泡排序法——来解决上面的问题。

我们来详细描述一下冒泡排序法的算法设计。

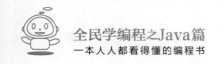

从数组第一个数据开始，不断比较相邻的两个数据的大小，让大的数据逐渐往右移动（交换两个数据的位置）——这也就意味着小的数据在往左移动，直到完成数组中最后两个元素的比较。经过第一轮比较，就可以找到最大的数据，并将它移动到数组的最右一个位置。

第一轮结束后，继续第二轮。仍然从数组第一个数据开始比较，让大的数据逐渐往右移动——这也就意味着小的数据在往左移动，直到数组倒数第二位的数据。经过第二轮的比较，就可以找到第二大的元素，并将它放到倒数第二位的位置（因为最大的数据在最右边，谁跟它比都没有它大）。

以此类推，进行 $n-1$（n 为数组中数据的总个数）轮 "冒泡" 后，就可以将所有的数据都排列好。

按照冒泡排序的算法，我们来看看上面题目中 4 个数字的排序过程是怎么样的。

最初的数组数据：

3，2，4，1

第一轮排序过程：

比较 3 和 2 的大小，因为 3 比 2 大，所以交换 3 和 2 的位置。变换后的位置如下：

2，3，4，1

比较 3 和 4 的大小，因为 3 比 4 小，所以不用交换 3 和 4 的位置。位置如下：

2，3，4，1

比较 4 和 1 的大小，因为 4 比 1 大，所以交换 4 和 1 的位置。位置如下：

2，3，1，4

第一轮排序结束，最大的数字 4 已经在最右面了。

第二轮排序过程：

比较 2 和 3 的大小，因为 2 比 3 小，所以不用交换 2 和 3 的位置。变化后的位置如下：

2，3，1，4

比较 3 和 1 的大小，因为 3 比 1 大，所以交换 3 和 1 的位置。变换后的位置如下：

2，1，3，4

第二轮排序结束，第二大的数字 3 已经排在 4 的左边（即倒数第二位的位置上）。

第三轮排序过程：

比较 2 和 1 的大小，因为 2 比 1 大，所以交换 2 和 1 的位置。变换后的位置如下：

1，2，3，4

第三轮排序结束，数字第三大的数字 2 排到了 3 的左边，也就是倒数第三位的位置上。

经过三轮（数组有 4 个数据，所以是 3 轮）的排序，我们完成了"3，2，4，1"四个数字的从小到大排序。

上面的排序过程需要你慢慢思考理解一下。如果你已经理解了算法的原理，现在看看我实现上面算法过程的代码吧。

```java
public static void paixu() {
    /**
     * 定义并初始化整数型数组变量 a
     * 并把 3、2、4、1 这 4 个数字存储在变量 a 中
     */
    int[] a = {3, 2, 4, 1};
    /**
     * 冒泡排序的 for 循环实现方法
     * 变量 i 代表循环轮数
     * 用 a[j] 访问要比较的元素，用 a[j+1] 访问 a[j] 右边的元素
     */
    for (int i = 0; i < 4; i++) {
        /**
         * j < 4 -1 - i 代表要比较到哪一位元素结束
         */
```

```java
            for (int j = 0; j < 4 -1 - i; j++)
            {
                /**
                 * 如果当前元素比右边位置的元素大，则交换两个元素的位置
                 */
                if (a[j] > a[j+1])
                {
                    int x = a[j+1];
                    a[j+1] = a[j];
                    a[j] = x;
                }
            }
        }
        /**
         * 用 for 循环的数组遍历语法，让电脑依次输出数组中的值
         */
        for(int n : a){
            System.out.println(n);
        }
    }
```

在上面的代码中，我们用变量 i 来计算循环的轮数。第一层 for 循环中的 i<4，代表这个数组会进行 3 轮排序（当 i 等于 4 时，i<4 不成立，循环会结束）。变量 j 是每轮排序中要比较的数组数据的索引，从 0 开始，到"4-1-i"位元素时结束。

比如在第 1 轮时，变量 i 的值为 0，则 4-1-i 值为 3，即两两比较数组中的两个元素，到 a[3] 这个位置（也就是数组的最右边位置）时结束比较。

在第 2 轮时，变量 i 的值为 1，则 4-1-i 值为 2，即到 a[2] 这个位置（也就是数组倒数第 2 位的位置）时结束比较。在比较数组中的元素时，a[j] 代表要比较的元素，a[j+1] 代表要比较的元素右边的元素。

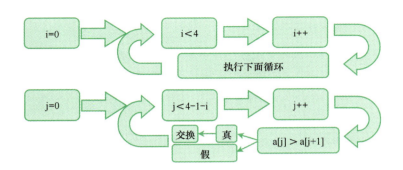

怎么样,冒泡排序是不是挺有趣的?在你的电脑中试试看吧。你也可以给数组多放一些数据进去,再按我们的算法设计修改一下程序,试试看,你已经学会怎么让数组中的元素从小到大排序了吧!

第 6 节　我会让字母也排队

在第 5 节中我们知道了,在电脑中字母也是有顺序的。也许你会问,小写字母和大写字母之间也是有顺序的吗?是的,它们有顺序。下面我们用一个程序来输出所有的小写字母和大写字母,并让它们按每行 6 个的格式全部输出。

```java
/**
 * 每行 6 个字母的英文大小写字母表
 */
public static void zimu4()
{
    for(char i = 'A'; i <= 'z' ; i++)
    {
        System.out.print(i+"\t");
        if((i - 'A') % 6 == 5)
        {
            System.out.println();
        }
    }
}
```

上面的代码，你一定要在自己的电脑中试一试哦！

在电脑中，字母的顺序是大写字母在小写字母之前，也就是上面的代码会先依次输出 26 个大写字母，再依次输出 26 个小字字母。但如果你在电脑中运行了上面的代码就会发现，在 26 个大写字母和 26 个小写字母之间，还输出了 6 个符号，就像下面这样。

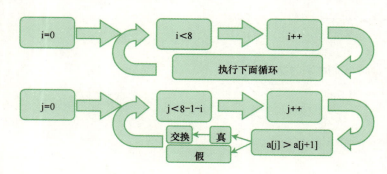

这一点，你不用奇怪，因为 Java 语言的设计者就是这样设计的。至于为什么这样设计，我们在这里就不详细说明了。

现在，我们已经知道了所有的字母（包括大写和小写字母）都有自己的顺序。那么你肯定也想到——我们也可以给一串没有顺序的字母排序。

还记得我们学习过的冒泡排序法吗？冒泡排序法也可以给字母排序。比如有 8 个字母 T、e、S、t、o、N、m、e，这 8 个字母有大写字母，也有小写字母，那么我们能不能让电脑自动按大写字母在前小写字母在后的顺序排列呢？

下面是我改写的给字母排序的冒泡排序法。

```
public static void paixu() {
    /**
     * 定义并初始化字符型数组变量 a
     * 并把 T、e、S、t、o、N、m、e 这 8 个字母存储在变量 a 中
     */
    char a[] = {'T','e','S','t','o','N','m','e'};
    /**
     * 冒泡排序的 for 循环实现方法
     * 变量 i 代表循环轮数
     * 用 a[j] 访问要比较的数据，用 a[j+1] 访问 a[j] 右边的数据
     */
    for (int i = 0; i < 8; i++) {
        /**
         * j < 8 -1 - i 代表要比较到哪一位数据结束
         */
        for (int j = 0; j < 8-1-i; j++) {
            /**
             * 如果当前数据比右边位置的数据大，则交换两个数据的位置
             */
            if (a[j] > a[j+1]) {
                char x = a[j+1];
                a[j+1] = a[j];
                a[j] = x;
            }
        }
    }
    /**
     * 用 for 循环的数组遍历语法，让电脑依次输出数组中的值
```

```
        */
    for(char n : a)
    {
        System.out.print(n);
    }
}
```

这里一定要注意哦，存储字母一定要用 char 型数组哦！

请在你的电脑上运行一下上面的代码，试试看吧。

第 7 节　我会判断质数

本节我们一起来让电脑快速判断一个数是不是质数。

你还记得什么叫质数吗？质数定义为：在大于 1 的自然数中，除 1 和它本身以外，不能被其他的任何数整除的数。

根据质数的定义，我们可以轻易地判断一个数是不是质数。比如，我们要判断 5 这个数是不是质数，只要判断 5 能不能被 2、3、4 这三个数整除。同样，要判断 6 这个数是不是质数，我们也只要判断 6 能不能被 2、3、4、5 这四个数整除。

还记得判断整除的方法吗？没错，用取余操作符来判断。那么，现在你想到怎么让电脑来判断质数了吗？下面是我设计的算法。

从键盘输入一个整数 a

定义一个整数型变量 c，并初始化 c 的值为 0。c 用于记录能被整除的次数

用 for 循环定义整数型变量 i，并初始化它的值为 2

for 循环的布尔表达式条件为 i < a

for 循环的变量更新为 i++

循环判断 a% i== 0 是否为真

如果为真，则 c++ 代表能被整除的次数加 1

在 for 循环结束后，判断 c>0 是否为真

- 如果为真，则 a 不是质数

- 如果为假，则 a 是质数

我们先来验证一下上面的算法能否判断质数。

比如我们从键盘输入了一个整数 6，在循环开始前，变量 c 的值为 0。循环变量 i 的值是 2～5，即依次判断 6 能否被 2、3、4、5 整除。我们知道，6 可以被 2 和 3 整除，所以当 i 的值为 2 时，则 c 的值变成 1，代表可以被整除一次；当 i 的值为 3 时，则 c 的值变成了 2，代表可以被整除两次。在循环执行结束后，我们判断 c>0 是否为真。因为 c 的值为 2，所以 c>0 为真，电脑输出的 a 不是质数。

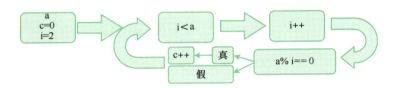

算法验证成功了，我们用代码来实现这个算法。

```
/**
 * 让电脑判断输入的整数是不是质数
 *
 */
public static void zhishu(int a)
{
    // 定义一个整数型变量 c，并初始化 c 的值为 0。c 用于记录能被整除的次数
    int c = 0;
    /**
     * for 循环定义整数型变量 i，并初始化它的值为 2
     * for 循环的布尔表达式条件为 i＜a
     * 将 for 循环的变量更新为 i++
     */
    for(int i = 2 ; i＜a ; i ++)
```

```
        {
            if(a % i == 0)
            {   // 循环判断 a% i== 0 是否为真
                c++;    // 如果为真，则 c++ 代表能被整除的次数加 1
            }
        }

        if(c > 0)
        {   // 在 for 循环结束后，判断 c>0 是否为真
            System.out.println(a+" 不是质数 ");    // 如果为真，则 a 不是质数
        }
        else
        {
            System.out.println(a+" 是质数 ");  // 如果为假，则 a 是质数
        }
    }
```

你可以在电脑中运行一下上面这个程序，看看它是不是可以判断从键盘输入的整数是不是质数。

第 8 节　我会更快一点

在第 7 节中，我们让电脑根据质数的定义判断从键盘输入的整数是不是质数。在第 7 节的例子中，如果我们要判断 6 这个数是不是质数，需要让电脑依次判断 6 这个数能不能 2、3、4、5 整除，即电脑要循环整除 4 次才会结束循环。但我们知道 6 是可以被 2 整除的，也就是说在循环第一次执行时我们就可以知道 6 不是质数。

也许你会说，电脑循环 1 次和循环 4 次的区别并不大，都会在很短的时间内执行结束。但是请你想一想，如果我们要判断的数是一个特别大的数，那么循环次数的差别就会特别大，电脑要执行的时间差别也会很大。所以，一个好的程序不只是能让电脑实现我们的想法，还应该

能在最短的时间里计算完毕。

那么，第 7 节中的算法是不是可以优化一下，让它判断的效率更高呢？

我们想一下，根据我们上面的分析，要判断 6 是不是质数，只要出现能整除 6 的数马上就可以让电告诉我们这个数不是质数。而不必执行后面的循环判断语句。根据这个分析，我们可以像下面这样优化我们的算法。

从键盘输入一个整数 a

for 循环定义整数型变量 i，并初始化它的值为 2

for 循环的布尔表达式条件为 i＜a

for 循环的变量更新为 i++

循环判断 a% i== 0 是否为真：

- 如果为真，则 a 不是质数，循环提前结束

- 如果循环没有提前结束（即当 i==a-1 且 a%i=0 不为真时），则 a 是质数

还是一样，我们来验证一下这个算法。比如，我们从键盘输入整数 6，在循环第一次执行时，变量 i 的值是 2，6%2==0 成立，电脑立刻输出 6 不是质数，并结束循环。而如果输入的整数是 5，那变量 i 依次为 2、3、4，a%i 都不为 0，所以循环不会提前结束。而当 i==a-1（也就是 i=4）时，循环完全执行完毕，应该不能判断 a 不是质数，那么这时电脑就输出 a 是质数。

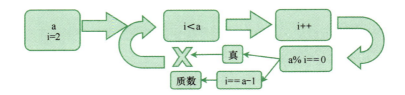

算法验证成功，下面是根据上面的算法优化后的代码。

```
/**
 * 让电脑判断输入的整数是不是质数的优化方法
 */
public static void zhishu2(int a)
```

```java
{
    /**
     * 通过 for 循环定义整数型变量 i，并初始化它的值为 2
     * for 循环的布尔表达式条件为 i < a
     * 将 for 循环的变量更新为 i++
     */
    for(int i = 2 ; i < a ; i ++){
        if(a % i == 0){   // 循环判断 a% i == 0 是否为真
            System.out.println(a+" 不是质数 ");   // 如果为真，则 a 不是质数
            break; // 循环提前结束
        }
        // 当循环执行完 i=a - 1 时的判断后，a 是质数
        if(i == a - 1){
            System.out.println(a+" 是质数 ");
        }
    }
}
```

上面的程序可以判断从键盘输入的整数是不是质数，但是它要执行的循环次数比第 7 节中程序要执行的循环次数少。特别是当要判断的数字比较大时，这种效率的差异会更加明显。

在我们用编程来解决问题时，如果试着用最优化的方法去解决问题，不仅可以编写出好的程序，还可以在这个过程中锻炼我们的思维能力。

第 9 节 我会告诉你它是几位数

如果我告诉你一个数字，比如 198，你能告诉我它是几位数吗？你肯定会快速地告诉我 198 是三位数。你只要用你的手指，指着这个数，数一数这个数字一共由几个数字组成就可以了。

我们人类可以很直观快速地根据一个数字数出它是几位数。但是，电脑在处理数字时，是把它作为一个数值存储的，要怎么让电脑判断一个数值是由几个数字组成的呢？

当然，电脑没有手指，不能一个个来数，只能通过一种数学的办法来判断。

试想一下，如果我们让一个数除以10，并且只计算得数的整数部分，那么是不是这个数就会自动去掉一位数字呢？

比如198，我们用198除以10，它的得数是19，余数是8，如果我们不考虑余数，那么得到的结果就是19这个数字。而19这个数字，也正是198去掉个位数8后得到的数字。那么按照这个思路，我们要想知道198是由几个数字组成的，只要计算它可以被10除多少次就可以了。

所以，我们可以像下面这样来让电脑数出一个数是几位数。

第一次除以10：198/10 = 19

第二次除以10：19/10 =1

第三次除以10：1/10 =0

是的，我们把每次除以10的结果，作为下一次计算的被除数。直到得数除以10后的结果为0，我们就可以根据除以10的次数，得出这个数是几位数。

但在上面的计算方法中，0是一个特例，而我们知道0是一位的数字，所以我们在计算方法中要单独处理数字0的情况，再把0以外的情况按上面的方法进行计算处理。

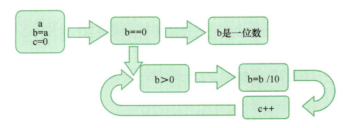

那现在我们从键盘输入一个数字，让电脑自动地判断出这个数字是几位数，你知道程序该怎么写了吗？是不是像我下面写的这样？

```
/**
 * 判断从键盘输入的一个数是几位数
 */
public static void weishu(int a)
```

```java
{
    int b = a;
    int c = 0;
    if( b == 0 )
    {
        System.out.println("0 是 1 位数 ");
    }
    else
    {
        while(b > 0)
        {
            b = b/10;
            c ++;
        }
        System.out.println(a + "是" + c + "位数");
    }
}
```

在上面代码中，我们把从键盘输入的整数型参数 a 先存储在一个整数型变量 b 中，然后用 while 循环执行 b=b/10，并用变量 c 来计数除以 10 的次数。直到变量 b 的结果为 0（也就是 b>0 条件为假）时循环结束。

你可能会问，b=b/10，为什么会是一个整数？因为我们定义的变量 b 是一个整数型的变量，所以 b 只能存储 b 整除 10 的得数部分。

现在你学会怎么计算一个整数是几位数了吗？快在你的电脑中运行一下程序，试试看吧。

第 10 节　我会复杂的数学计算

数学计算在 Java 编程中很常用。很多时候，我们需要把要解决的问题转化成数学计算问题，并通过电脑做数学计算解决。

如果我们要比较两个数的大小，比如是 1 和 3，你会怎么做？是不是像下面这样？

```
int a = 1;
int b = 3;
int c = 0;
    if(a > b )
{
    c = a;
}else{
    c = b;
}
```

我们通过 if 条件语句来判断出这两个数中哪个数较大。

但是，这种办法比较烦琐，其实 Java 语言的设计者为我们提供了很多实用的内置方法，以减少编程时一些常用数学方法的代码。

比如，像上面那样从 1 和 3 这两个数中找到较大的数，可以用下面这样的代码。

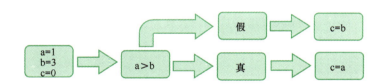

```
int a = Math.max(1,3);
```

其中 Math.max() 是 Java 设计者为我们提供的找出两个数中较大的数的内置方法。我们用上面的这条语句就可以轻易地找出 1 和 3 两个数中较大的数 3，并把这个较大的数 3 赋值给整数型变量 a。

那么，要找出 1 和 3 两个数中较小的数，可以用像下面这样的内置方法。

```
int a = Math.min(1,3);
```

是不是很方便？如果你觉得找出两个数中的较大数、较小数也没什么的话，想自己编程来算出一个数的 n 次幂，该怎么写？

比如，求出 5 的 4 次幂，你是不是要写成像下面这样：

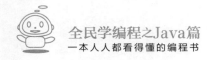

```
int a = 5*5*5*5;
```

而 Java 语言的设计者提供了一种更方便的内置方法,可以计算出同样的结果,就像下面这样。

```
double a = Math.pow(5,4);
```

是不是很简洁也很灵活?你只需要在 Java 内置的求幂方法中填入计算的底数和幂数,就可以计算任意数字的任意次幂。

在下面的代码中,使用到一些常用的 Java 内置数学方法。

```
/**
 * Java 内置的数学方法
 */
public static void math()
{
    /**
     * 得到两个数中的较大值
     */
    System.out.println(Math.max(1,3));  //3
    /**
     * 得到两个数中的较小值
     */
    System.out.println(Math.min(1,3));  //1
    /**
     * 计算 a 的 b 次幂(即 a 的 b 次方)。注意,得到的结果是 double 型
     */
    System.out.println(Math.pow(5,4));   //625.0
    /**
     * 得到四舍五入后的整数
     */
    System.out.println(Math.round(10.3));   //10
```

```java
/**
 * 计算一个数的平方根,注意得到的结果是 double 型
 */
System.out.println(Math.sqrt(16));    //4.0
/**
 * 得到一个数的绝对值
 */
System.out.println(Math.abs(-10.4));    //10.4
/**
 * random 取得一个大于或者等于 0.0 且小于不等于 1.0 的随机数
 */
System.out.println(Math.random());   // 小于 1 且大于 0 的 double 类型的数
}
```

上面代码中的 Java 内置数学方法,在我们平常编程中比较常用。多使用 Java 内置数学方法可以让我们的编程变得更简单。

试着把上面的程序写进你的电脑里,运行一下看看吧。

第5章 你还应该知道的一些事

第1节　1加1等于几

如果我问你1+1=？你一定不屑地笑一笑吧。是的，1+1=2，人人都知道。但是，在电脑中1+1不一定等于2，你相信吗？

我们人类发明了0、1、2、3、4、5、6、7、8、9这十个数字。然后，我们就可以用这10个数字来表示任何其他数字。比如，我们用1和0这两个数字组成新的数字10，来表示比数字9多1的数字。这就是我们生活中最常用的十进制。

所谓进制，就是进位计数制，是人为定义的带进位的计数方法，也就是"逢几进一"。十进制就是逢十进一，n进制就是逢n进一。

我们人类选择了十进制，因为我们人类有十个手指头，成语"屈指可数"从某种意义上来说，就是描述了一个简单计数的场景。而原始人类在需要计数的时候，首先想到的就是利用手指来进行计数。

我们知道，电脑是由各种电子元件组成的，而电子元件只有两种状态，比如一个元件有"高电平"和"低电平"两种状态，即我们常说的"有电"或者"没电"。那么根据电脑本身的这个特点，我们发现用二进制来让电脑存储和运算是最方便的。

所谓二进制，就是逢二进一，即只用0和1这两个数字来表示一个任意的数字。比如，十进制中的2，用二进制来表示就是10；十进制中的3，用二进制来表示就是11；十进制中的4，用二进制来表示就是100……

十进制和二进制								
1	2	3	4	5	6	7	8	9
1	10	11	100	101	110	111	1000	1001

第 5 章 你还应该知道的一些事

现在，你可能明白在电脑中 1+1=10。

当然，二进制只是在电脑内部使用的一种进制。而编程语言是我们人类发明的用来控制电脑的语言，所以我们在编程时，电脑还是会按十进制接收和输出数字。

说到这里，你一定会问，电脑能不能快速地把一个十进制的数转化成二进制的数呢？当然能。Java 语言的设计者为我们提供了一个有趣的内置方法，能帮我们快速地实现十进制数和二进制数的转换，就像下面这样。

```
Integer.toBinaryString(5)
```

这是一个 Java 的内置方法，上面这条语句表示的意思就是：把一个十进制数 5 转换成二进制的表达方式。如果我们加上输出语句，电脑就可以显示出这个二进制数了。

最后，我们编一个有趣的程序：通过键盘输入任意一个十进制数，让电脑把我们输入的数字转换成二进制数输出。你会写这个程序吗？是不是像我下面这样。

```
/**
 * 把任意从键盘输入的数字转换成二进制数输出
 */
public static void erjinzhi(int a)
{
    System.out.println(Integer.toBinaryString(a));
}
```

运行上面的程序，我在键盘输入了一个数字 9，电脑输出了二进制数 1001。赶快在你的电脑中也试试吧。

第 2 节　数字不够用了怎么办

在第 1 节中我们学习了二进制。二进制是用数字 1 和 0 来表达任意数字。但是，也许你也发现了，当我们想要表达一个比较大的数字时，二进制的表示方式看起来就比较复杂了。

比如，十进制中的 5678 这个数，用二进制来表示就是 1011000101110。你可以用本章第 1 节学到的程序来运行一下，看看结果是不是一样。我们在十进制中只用 4 位数就可以表示 5678 这个数，但在二进制中却需要用 13 位数来表示。面对这么长的数进行思考或操作，没有

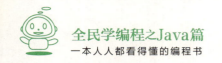

人会喜欢。而且,当要表示的数更大时,用二进制表示就要用到更多的位数。这样一来,我们要读或是写这个二进制数都会更麻烦。

那么,有没有好的办法来让我们读、写二进制更方便呢?Java 语言的设计者想到了用八进制来表示二进制的数。也就是"逢八进一"的进制,只用数字 0、1、2、3、4、5、6、7 来表示任意的其他数字。

为什么是八进制,而不是我们生活中常用的十进制呢?因为,二进制数转化成八进制数要比转化成十进制数更加方便。

我们知道,8 是 2 的 3 次方,所以要把二进制数转换成八进制数,只要将二进制数每 3 位数字转化为一个八进制数就可以了。

比如,二进制数 1011000101110,要转换为八进制数,我们只需要要做下面这几步。

第一步:将二进制数,从右往左 3 位隔开,最左面不足 3 位,则用 0 补足。

001,011,000,101,110

第二步:将每个 3 位的二进制数,对应直接转换成八进制数。

1,3,0,5,6

最后,二进制数 1011000101110 转换成八进制数就是 13056。是不是很简单、很方便?

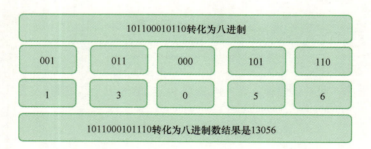

当然,Java 语言的设计者同样也为我们提供了一个内置方法,帮我们快速地将十进制数转换成八进制数,就像下面这样。

Integer.toOctalString(5678);

你可以试着把上面这条语句写进你自己的代码中,看看结果是不是 13056。

别着急,还没有结束。Java 语言的设计者还是不满足,觉着用八进制来表示数字,还是太长了,还想让数字更短一点。所以,他又想到了用十六进制来表示数字。

十六进制?那不是要用 16 个数字来表示一个数吗?可是我们只学到 0、1、2、3、4、5、

6、7、8、9 这 10 个数字呀？那该怎么办呢？那就要用字母来表示数字了。

在十六进制数字表示中，我们用字母 a 来表示数字 10，用字母 b 来表示数字 11……以此类推。所以我们在十六进制数字表示中，又增加了 6 个字母 a、b、c、d、e、f。用这 6 个字母来分别表示数字 10、11、12、13、14、15。

那么，在十六进制中，数字 31 是怎么表示的呢？没错就是 1f。

同样，16 是 2 的 4 次方，所以要把二进制数转化成十六进制数，只要将二进制数每 4 位数字转换为一个十六进制数就可以了。

比如，二进制数 1011000101110，要转换为十六进制数，我们只需要做下面这几步。

第一步：将二进制数，从右往左 4 位隔开，最左面不足 4 位，则用 0 补足。

0001，0110，0010，1110

第二步：将每个 4 位的二进制数，对应直接转换成十六进制数。

1，6，2，e

最后，二进制数 1011000101110 转换成十六进制数就是 162e。

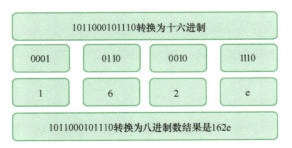

当然，Java 语言的设计者同样也为我们提供了一个内置方法，帮我们快速地实现十进制数转换成十六进制数，就像下面这样。

Integer.toHexString(5678);

这条语句的结果是 162e。也就是说 5678 这个十进制数，用十六进制表示就是 162e。

试着把这条语句加入你的程序中运行一下吧，看看结果是不是跟我的一样。

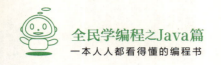

第 3 节　数值到底是多少

通过前面几节，我们已经学会了电脑中常用的几种进制——二进制、八进制、十六进制，当然还有我们常用的十进制。那么，在 Java 编程中，我们要怎么样让电脑区分一个数字到底是几进制数呢？

比如，数字 17，它可能是十进制数 17，也可能是八进制数 17，还有可能是十六进制数 17。而在不同的进制中，数字 17 表示的数值是完全不一样的。

在十进制中，数字 17 就是我们常说的 17 这个数值。而在八进制中，数字 17 代表的却是十进制中的 15 这个数值；在十六进制中，数字 17 又代表的是十进制中的 23 这个数值。

在我们的之前的编程中，一直都是在用十进制表示数字的，比如像下面这条语句。

```
int a = 17;
```

在这条语句中，我们定义并初始化变量 a，它的值就是十进制数 17。

那么，我们要怎么来表示八进制数 17 呢？像下面这样来表示。

```
int a = 017;
```

看到没有，我们在数字 17 前面加上了一个"0"，来表示这个数字 17 是八进制数 17。

在 Java 语言中，用数字前加"0"来表示这个数字是八进制数。

我们在学校里都学过，一个数字是不能以 0 开头的，而在 Java 中，数字是可以 0 开头的，只是它表示的意思是 0 后面的这个数字是八进制数。

同样，要怎么表示十六进制数 17 呢？像下面这样。

```
int a = 0x17;
```

没错，在数字 17 之前加上了"0x"。

在 Java 语言中，在数字前加"0x"表示这个数字是十六进制数。

下面这个程序用 3 种不同的进制来表示数字，并让电脑用十进制的方式输出 3 个数字相加的结果。

```
/**
 * 不同进制中数字的表示
 */
public static void jiafa()
```

```
{
    int a = 17;
    int b = 017;
    int c = 0x17;
    System.out.println(a+b+c);
}
```

上面程序中的结果是多少？是 17+17+17=51 吗？当然不是，是 17+15+23=55。你现在学会怎么区分不同的数字代表的真实数值了吗？

第 4 节　字符是怎么回事

前面我们说到，电脑中所有的数据都是用二进制数来存储的，我们也知道了任何一个十进制数都可以用二进制数表示。那么，字符是怎么回事呢？难道字符也可以转换成二进制数？比如字母"A"，它怎么转化成二进制数？比如符号"%"又怎么用二进制数表示？

当然，字母和符号本身不是数值，所以没有办法将它转换成二进制数。但是，我们的电脑又只能用二进制来处理。所以人们发明了一张表格，人为地定义了字符和二进制数的对应关系。这张表格就是 ASCII 码表。

高四位		ASCII非打印控制字符								ASCII 打印字符													
		0000				0001				0010		0011		0100		0101		0110		0111			
		0				1				2		3		4		5		6		7			
低四位	十进制	字符	Ctrl	代码	字符解释	十进制	字符	Ctrl	代码	字符解释	十进制	字符	十进制	字符	十进制	字符	十进制	字符	十进制	字符	十进制	字符	Ctrl
0000	0	BLANK NULL	^@	NUL	空	16	▶	^P	DLE	数据链路转意	32		48	0	64	@	80	P	96	`	112	p	
0001	1	☺	^A	SOH	头标开始	17	◀	^Q	DC1	设备控制 1	33	!	49	1	65	A	81	Q	97	a	113	q	
0010	2	☻	^B	STX	正文开始	18	↕	^R	DC2	设备控制 2	34	"	50	2	66	B	82	R	98	b	114	r	
0011	3	♥	^C	ETX	正文结束	19	‼	^S	DC3	设备控制 3	35	#	51	3	67	C	83	S	99	c	115	s	
0100	4	♦	^D	EOT	传输结束	20	¶	^T	DC4	设备控制 4	36	$	52	4	68	D	84	T	100	d	116	t	
0101	5	♣	^E	ENQ	查询	21	§	^U	NAK	反确认	37	%	53	5	69	E	85	U	101	e	117	u	
0110	6	♠	^F	ACK	确认	22	▬	^V	SYN	同步空闲	38	&	54	6	70	F	86	V	102	f	118	v	
0111	7	•	^G	BEL	震铃	23	↨	^W	ETB	传输块结束	39	'	55	7	71	G	87	W	103	g	119	w	
1000	8	◘	^H	BS	退格	24	↑	^X	CAN	取消	40	(	56	8	72	H	88	X	104	h	120	x	
1001	9	○	^I	TAB	水平制表符	25	↓	^Y	EM	媒体结束	41	)	57	9	73	I	89	Y	105	i	121	y	
1010	A	10	◙	^J	LF	换行/新行	26	→	^Z	SUB	替换	42	*	58	:	74	J	90	Z	106	j	122	z
1011	B	11	♂	^K	VT	竖直制表符	27	←	^[	ESC	转意	43	+	59	;	75	K	91	[	107	k	123	{
1100	C	12	♀	^L	FF	换页/新页	28	∟	^\	FS	文件分隔符	44	,	60	<	76	L	92	\	108	l	124	|
1101	D	13	♪	^M	CR	回车	29	↔	^]	GS	组分隔符	45	-	61	=	77	M	93	]	109	m	125	}
1110	E	14	♫	^N	SO	移出	30	▲	^6	RS	记录分隔符	46	.	62	>	78	N	94	^	110	n	126	~
1111	F	15	☼	^O	SI	移入	31	▼	^-	US	单元分隔符	47	/	63	?	79	O	95	_	111	o	127	△ Back space

注：表中的 ASCII 字符可以用"Alt+ 小键盘上的数字键"输入

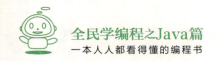

在 ASCII 码表中，人为地定义了任意一个字符和二进制数的对应关系，同时也为让人们看起来方便，又用十进制数的方式来表示对应的二进制数。

比如字母"A"，在 ASCII 码表中二进制数的高位是 0100，低位是 0001，所以字母"A"用二进制数 1000001 来表示——最高位的 0 要省略掉。而 1000001 也就是十进制数 65。同样，在 ASCII 码表中，符号"%"二进制数的高位是 0010，低位是 0101，所以符号"%"用二进制数 100101 来表示。而 100101 也就是十进制数 37。

不只是字符可以转换成二进制数存储在电脑中。电脑的运行指令，比如"打印"指令，也是通过编程语言转换成二进制数发送给电脑来执行的。

说到这里，你还记得我们之前学习的让电脑输出字母表的程序吗？为什么字母有顺序？为什么大写字母在前，小写字母在后？为什么按顺序打印字母从"A"到"z"会有 6 个奇怪的符号出来？没错，全都是因为 ASCII 码表。

提示

在 Java 语言中，编译器会自动运用 ASCII 码表转换数字和字符，即在 Java 语言中 char 类型和 int 类型的数据是可以互相转换的。

比如，像下面这样：

char a = 65;

System.out.println(a);

电脑输出的就是字母"A"，而不是数字"65"，原因你知道了吗？是的，char a = 65，定义的是电脑中十进制数 65，而十进制数 65 代表的字符就是"A"。

下面来做一个有趣的程序，让电脑循环输出 32～127 中所有数字代表的字符。为什么是从 32 开始？因为 ASCII 码表中十进制数 0～31 代表的是字符，是电脑控制字符，是没办法打印出来的。

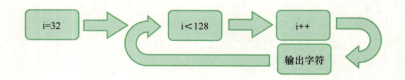

你想到这个程序怎么写了吗？是不是跟我下面写的一样？

/**

```
 * 输出从 32 到 127 所有十进制数代表的字符
 */
public static void zifu()
{
    for(char i = 32 ; i < 128 ; i ++)
    {
        System.out.print(i);
    }
}
```

运行结果像下面这样。

```
!"#$%&'()*+,-./0123456789:;<=>?@ABCDEFGHIJKLMNOPQRSTUVWXYZ[\]^_`abcdefghijklmnopqrstuvwxyz{|}~
```

在你的电脑中运行一下这个程序吧，看看输出结果是不是和 ASCII 码表中的一样。

第 5 节　汉字也能做加法

在第 4 节中我们学习了 ASCII 码表。如果你认真观察了 ASCII 码表就会发现，ASCII 码表中只定义了符号和英文字母。而世界上有很多种语言，每种语言都有不同的字。我们使用的汉字，在 ASCII 码表中完全没有，那电脑怎么处理呢？

ASCII 码表是美国人发明的，美国人在发明 ASCII 码表时，也确实完全没有考虑其他国家语言。所以在电脑技术发展的早期，电脑是只能按 ASCII 码表处理的，不能处理汉字。

但是随着时代的进步，一些国际组织又在 ASCII 码的基础上进行了扩展，发明出了 Unicode 码表。Unicode 码表中的前 128 个字符和 ASCII 码表一模一样，但是在后面又增加了更多编码，包括其他各种语言文字和符号。所以，Unicode 码表包含了世界上很多国家所有文字和所符号，

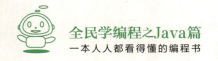

也包括我们中国的汉字。

Unicode 码表非常庞大，没办法在这里详细列出。如果你感兴趣，则可以自己去找一些相关的资料。

有了 Unicode 码表，电脑也可以存储和处理汉字了。当然也就定义出了汉字和二进制数的对应关系。所以，我们的汉字在电脑中也是用二进制数来表示的。

提示

Java 语言本身使用的是 Unicode 编码，所以 Java 语言可以处理包括汉字在内的所有文字。

说到这里，你是不是想到了什么？是不是挺好奇一个汉字转换成数字是多少？转换成二进制数又是多少？

下面我们来写一个程序，让电脑自动输出"我是中国人"在 Unicode 码表中的十进制数表示、八进制数表示、十六进制数表示和二进制数表示吧！

```java
/**
 * 输出"我是中国人"在 Unicode 码表中的十进制数和二进制数
 */
public static void hanzi()
{
    char[] c = {'我','是','中','国','人'};
    for(int i : c)
    {
        System.out.println(i);
        System.out.println(Integer.toBinaryString(i));
        System.out.println(Integer.toOctalString(i));
        System.out.println(Integer.toHexString(i));
    }
}
```

在上面的代码中，我们定义了一个 char 型的数组 c，用数组 c 存储了"我是中国人"这 5

个汉字，再用 for 循环遍历数组 c，依次取出这 5 个汉字。最后在循环中分别输出这 5 个汉字的十进制数表示、二进制数表示、八进制数表示和十六进制数表示。

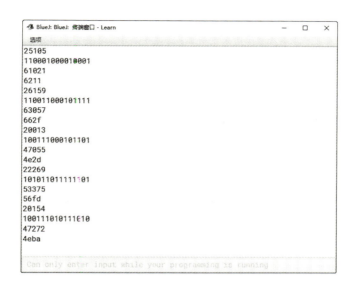

是不是挺神奇的？你现在知道电脑是怎么处理汉字的了吗？

字符和数字是可以自由相互转换的，那字符是不是也可以做数学运算呢？当然可以。

比如，我的名字叫"汪泳"，我想知道我的名字在电脑中相加的结果是多少？那么可以用下面的程序来实现：

```
/**
 * 输出"汪泳"这两个字在电脑中的相加结果
 */
public static void mingzi()
{
    char a = '汪';
    char b = '泳';
    System.out.println(a+b);
}
```

我的名字"汪泳"这两个字在电脑中相加的结果是 55645。

现在你也用你的名字来试试吧，看看你的名字在电脑中相加的结果是多少吧。

第 6 节　表格数据怎么存储

现在你已经知道了电脑是怎么存储数字和字符的，那么接下来我们来学习一下电脑是怎么存储表格数据的。

比如，像上面我们学习的 ASCII 码表，它就是一张表格数据。如果我们要把它存储在电脑里，也就是在程序中用一个变量来存储这个表格，你会怎么做呢？

我们先来分析一下 ASCII 码表。它是一个 8 列 16 行的表格数据，也许你已经想到了用数组变量来存储。但是我们之前学习的数组只能存储"一排"数据，即表格中的 1 行数据。要让它存储 16 行数据，该怎么办？当然不是定义 16 个数组变量了，而是用一种新的数据结构——二维数组。

二维数组是数组的一种，是一种每个元素都是数组的数组。是不是听起来挺绕的。没关系，来看看下面的例子。

```
int[] a = {1,2};
int[] b = {3,4};
int[][] c={a,b};
```

这时变量 c 的值就像一个有两行两列的表格一样，如下图所示。

在这段代码中，我们分别定义并初始化了两个整数型数组变量 a、b。同时又把这两个整数型数组变量存储在整数型二维数组变量 c 中。当然，我们也可以直接用二维数组的方式定义并初始化整数型二维数组变量，就像下面这样：

```
int[][] c={{1,2},{3,4}};
```

现在，你是不是很直观地明白了二维数组是怎么回事？二维数组中的每一个元素都是一个数组。

现在，你知道怎么把表格数据存进电脑里了吗？比如，要存储 ASCII 码表，只要使用一个有 8 个元素的二维数组,这 8 个元素中的每个元素又都是一个有 16 个元素的数组。

但在前面讲过,ASCII 码表的最左两列是电脑内部使用的控制符,在程序中不能直观输出。所以,我们只存储 ASCII 码表右边 6 列的字符。所以,把 ASCII 码表存进二维数组的代码应该像下面这样。

```
char[][] a = {
    {32,48,64,80,96,112},
    {33,49,65,81,97,113},
    {34,50,66,82,98,114},
    {35,51,67,83,99,115},
    {36,52,68,84,100,116},
    {37,53,69,85,101,117},
    {38,54,70,86,102,118},
    {39,55,71,87,103,119},
    {40,56,72,88,104,120},
    {41,57,73,89,105,121},
    {42,58,74,90,106,122},
    {43,59,75,91,107,123},
    {44,60,76,92,108,124},
    {45,61,77,93,109,125},
    {46,62,78,94,110,126},
    {47,63,79,95,111,127}
};
```

在上面代码中,我们用字符的十进制数来代表 ASCII 码表中的打印字符。

当然,我们还要验证这个二维数组中存储的数据是不是我们 ASCII 码表中的打印字符。

还记得在我们之前学习数组时数组是怎么遍历的吗?是用 for 循环遍历数组的。所以,要遍历这上面这个存储了 ASCII 码表的二维数组,就要用两层 for 循环来嵌套遍历。

第一层 for 循环遍历二维数组中的所有元素。当然,这时遍历出的所有元素都是数组。接着,用第二层 for 循环来遍历二维数组中的元素数组。最终,通过使用两层 for 循环嵌套遍历出了二维数组中所有的数据。

完整的代码像下面这样：

```java
/**
 * 用二维数组存储 ASCII 码表并输出显示
 */
public static void ascii()
{
    char[][] a = {
            {32,48,64,80,96,112},
            {33,49,65,81,97,113},
            {34,50,66,82,98,114},
            {35,51,67,83,99,115},
            {36,52,68,84,100,116},
            {37,53,69,85,101,117},
            {38,54,70,86,102,118},
            {39,55,71,87,103,119},
            {40,56,72,88,104,120},
            {41,57,73,89,105,121},
            {42,58,74,90,106,122},
            {43,59,75,91,107,123},
            {44,60,76,92,108,124},
            {45,61,77,93,109,125},
            {46,62,78,94,110,126},
            {47,63,79,95,111,127}
    };

    for(char[] n : a)
    {
```

```
        for(char t : n)
        {
            System.out.print(t + "\t");
        }
        System.out.println();
    }
}
```

快用这个程序在你的电脑中试试吧,看看是不是显示出了一个表格数据。

```
            0       @       P       `       p
    !       1       A       Q       a       q
    "       2       B       R       b       r
    #       3       C       S       c       s
    $       4       D       T       d       t
    %       5       E       U       e       u
    &       6       F       V       f       v
    '       7       G       W       g       w
    (       8       H       X       h       x
    )       9       I       Y       i       y
    *       :       J       Z       j       z
    +       ;       K       [       k       {
    ,       <       L       \       l       |
    -       =       M       ]       m       }
    .       >       N       ^       n       ~
    /       ?       O       _       o
```

第 7 节　数字变成图案

所有的字符在电脑内部都是数字。这个数字在电脑内部是以二进制方式存储的。但是 Java 语言支持用十进制、八进制、十六进制方式输入数字。而电脑会自己处理这几种进制的转换。

在第 6 节中学习了电脑存储"二维"数据的办法,本节来学习一下电脑是怎么存储图案的。

我们知道,图案本身是"二维"的,所以你也一定首先想到了二维数组。下面用电脑中的各种字符来组成一个图案。

下面来看一段代码。

```
public static void tuan()
{
    char[][] a = {
            {12408, 12288, 12288, 12288, 12288, 12288, 65295, 124},
            {47, 65340, 55, 12288, 12288, 8736, 65343, 47},
            {47, 12288, 9474, 12288, 12288, 32, 65295, 12288, 65295},
            {9474, 12288, 90, 32, 65343, 44, 65308, 12288, 65295, 12288, 12288,
            32, 47, 96, 12541},
            {9474, 12288, 12288, 12288, 12288, 12288, 12541, 12288, 12288, 32,
            47, 12288, 12288, 12297},
            {89, 12288, 12288, 12288, 12288, 12288, 96, 12288, 32, 47, 12288, 12288, 47},
            {65394, 9679, 12288, 65380, 12288, 9679, 12288, 12288, 8834, 8835, 12296,
            12288, 12288, 47},
            {40, 41, 12288, 32, 12408, 12288, 12288, 12288, 12288, 124, 12288, 65340, 12296},
            {62, 65392, 32, 65380, 95, 12288, 32, 12451, 12288, 32, 9474, 32, 65295, 65295},
            {47, 32, 12408, 12288, 12288, 32, 47, 12288, 65417, 65308, 124, 32,
            65340, 65340},
            {12541, 95, 65417, 12288, 12288, 40, 95, 65295, 12288, 32, 9474, 65295, 65295},
            {55, 12288, 12288, 12288, 12288, 12288, 12288, 12288, 124, 65295},
            {65310, 8213, 114, 65507, 65507, 96, 65392, 8213, 65343}
    };
    
    for (char[] b : a)
    {
```

```
            for (char c : b)
            {
                System.out.print(c);
            }
            System.out.println();
        }
    }
```

在上面的代码中,我们定义并初始化了一个二维数组。这个二维数组的"长度"和"宽度"都是不固定的,即这个二维数组中存储的数据是不规则的。是的,二维数组是可以存储一个不规则的"二维"数据的。

在上面二维数组中存储的是一些大小不一的十进制数。通过这段代码,你可能完全看不出在二维数组中到底存储了什么。没有关系,我们用数组遍历的方法,以字符的形式遍历输出这个二维数组中的数据。

现在你试着运行一下这个程序,会看到电脑输出了一个字符组成的图案,像不像一幅可爱的皮卡丘。

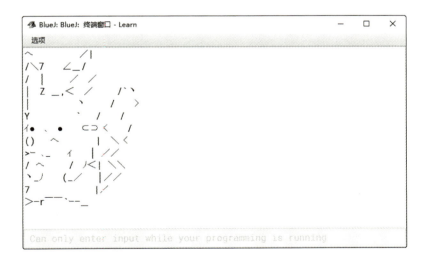

也许,你可能会问,在上面代码中,二维数组 a 中存储的数据并不是 ASCII 码表中的数据,为什么也会有字符输出呢?因为 Java 采用的是 Unicode 码,所以其字符的种类、范围要远远大于 ASCII 码表中定义的字符!

下面再来看看另外一个程序吧。

```java
public static void tuan2()
{
    char[][] a = {
            {9, 9, 32, 32, 32, 40, 40, 96, 39, 45, 34, 96, 96, 34, 34, 45, 39, 96, 41, 41},
            {9, 9, 32, 32, 32, 32, 32, 41, 12288, 32, 45, 12288, 12288, 45, 12288, 40},
            {9, 9, 32, 32, 32, 32, 47, 12288, 32, 40, 111, 32, 95, 32, 111, 41, 12288,
            32, 92},
            {9, 9, 32, 32, 32, 32, 92, 12288, 12288, 40, 32, 48, 32, 41, 12288, 12288, 47},
            {9, 9, 32, 32, 32, 95, 39, 45, 46, 46, 95, 39, 61, 39, 95, 46, 46, 45, 39, 95},
            {9, 9, 32, 32, 47, 96, 59, 35, 39, 35, 39, 35, 46, 45, 46, 35, 39, 35, 39,
            35, 59, 96, 92},
            {9, 9, 32, 32, 92, 95, 41, 41, 12288, 12288, 32, 32, 32, 39, 35, 39, 12288, 40, 40, 95, 47},
            {9, 9, 32, 32, 32, 32, 32, 35, 46, 32, 32, 9734, 32, 9734, 32, 9734, 12288,35},
            {9, 9, 32, 32, 32, 32, 39, 35, 46, 12288, 25105, 29233, 20320, 33, 32, 46, 35, 39, 12288,
            12288, 12288, 12288, 12288},
            {9, 9, 32, 32, 32, 32, 47, 32, 39, 35, 46, 12288, 12288, 12288, 46, 35, 39, 32, 92},
            {9, 9, 32, 32, 32, 95, 92, 12288, 92, 39, 35, 46, 32, 46, 35, 39, 47, 12288, 47, 95},
            {9, 9, 32, 40, 40, 40, 95, 95, 95, 41, 32, 39, 35, 39, 32, 40, 95, 95, 95, 41}
    );

    for (char[] b : a)
    {
        for (char c : b)
        {
            System.out.print(c);
        }
        System.out.println();
```

```
    }
}
```

试着在你的电脑中运行这个程序吧,你看到了什么?是不是像下面这样的一幅图案。

第 8 节　字符太多怎么办

在 Java 语言中,用字符(char)类型来存储每一个字符。char 类型也是 Java 设计者为我们提供的 8 种数据类型中的一种。

但是你可能会发现,我们在用 char 型变量存储数据时,每个变量只能存储一个字符,就像下面这样:

```
char a = '我';

char b = '是';

char c = '中';

char d = '国';

char e = '人';
```

当然,你也可以用字符型数组来存储,字符型数组的本质也是每个单个的字符变量"堆放"在一起,就像下面这样:

```
char[] c = {'我','是','中','国','人'};
```

但是,无论是把每个字符都定义为一个单独的变量,还是用字符数组来定义一个数组型变量,都比较烦琐。

那么,我们是不是可以定义一个变量,把一整段话存进这个变量中,同时代码不会像数组那么烦琐呢?

Java 语言的设计者一定也思考过这个问题。所以,他为我们提供了一种更方便的内置数据类型,来让我们存储很多字符在一起的数据。

```
String a = "我是中国人";
```

在上面语句中,我们把"我是中国人"这几个字符组成的一句话存进了一个变量 a 中,但是变量 a 的类型并不是我们熟悉的基本数据类型,而是一个以大写字母开头的"String"类型。

String 类型是一种 Java 语言设计者为我们提供的内置数据类型,当然它的本质也是通过基本数据类型——char 类型——存储在电脑中的。

但在 Java 代码中,我们可以直接使用 String 数据类型来处理大量的单个字符。而这个 String 类型,就是我们之前提到过的字符串类型。

提示

在 Java 语言中,除 8 种基本数据类型外,Java 语言的设计者还为我们提供了各种各样经过封装处理的数据类型。而字符串型就是其中最常用的一种。

字符串型数据,在代码中必须使用英文输入法下的双引号("")包裹起来。我们把这种用 "" 包裹起来的数据叫作字符串数据(也简称为"字符串")。

我们的输出指令可以完整地输出字符串数据,就像下面这样。

```
String a = "我是中国人";

System.out.println(a);
```

下面是一个通过键盘输入字符串,并在电脑中输出这个字符串的代码。

```
/**
 * 通过键盘输入字符串,并通过输出指令在电脑中输出字符串
 */
public static void print(String a)
```

```
{
    System.out.println(a);
}
```

在上面代码中，我们接收键盘输入的字符串型数据 a，并使用输出指令输出字符串型数据 a 的值。

这里要注意，电脑接收字符输入必须要有 "" （英文输入法下的引号），所以在你的程序运行后，应该在电脑提示的键盘输入框中输入下面这样内容。

" 我是中国人 "

所以，在程序运行后，你的输入应该像下面这样。

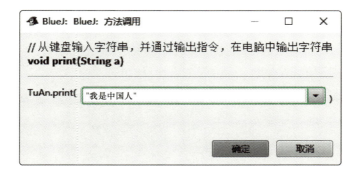

输入完成后单击"确定"按钮，电脑就会输出我们在输入框中输入的"我是中国人"这句话。就像下面这样。

在你的电脑中试一试吧，看看这个新的数据类型，你学会了吗？

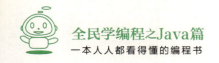

第 9 节 键盘输入的另一种方式

通过键盘输入数据的方式,我想你一定已经非常熟悉了。没错,就是为我们的程序方法写上参数,在 BlueJ 中运行程序方法时,电脑会提示我们通过键盘输入数据。

但我必须很负责任地告诉你,这种键盘输入方式只是 BlueJ 这个编译器软件提供的功能。那 Java 语言本身是怎么处理键盘输入数据的呢?

其实,Java 的设计者为我们提供了一个非常实用的工具,来帮助我们处理键盘输入数据的问题。它就是 Scanner 工具类。

也许你还不能理解什么叫工具类,没有关系,因为那并不重要。你只要知道,Scanner 工具类是一个 Java 语言的设计者为我们提供的一种处理键盘输入的简易方法。

我们来看看这个神奇的 Scanner 工具类是怎么使用的吧。

要使用工具类,首先必须在程序代码的最开始处引入这个工具类,就像下面这样。

```
import java.util.Scanner; // 引入 Scanner 工具类
public class Input    // 我们自己定义的程序类
{
    // 在这里写你自己的程序方法
}
```

上面代码中的第 1 行(也就是下面这条语句)是告诉电脑,我们在程序代码中会使用到 Scanner 工具类。引入的语句必须写在代码的最前面,也就是创建类代码之前。

```
import java.util.Scanner;
```

而 Scanner 工具类的使用也有固定的方法,就像下面这样。

```
Scanner sc = new Scanner(System.in);
```

你也许还不能明白这条语句的语法,但是这没有关系,你只要牢记这样的写法就可以了。

在这条语句中,我们用一个 Scanner 工具类变量 sc 来处理键盘输入,但是只有处理变量还是不够的,我们还要让代码知道我们从键盘到底输入了什么。

```
while (sc.hasNextLine())
```

上面这条语句是一个 while 循环,它会一直判断键盘有没有输入内容。其中 sc.hasNext() 是让电脑用 Scanner 工具类来判断键盘有没有新的输入内容。它的判断依据是,每当你从键盘输入一些字符并按 Enter 键后,sc.hasNextLine() 的值就会变为 true。代码就会执行 while 循环中的内容。

那我们只需要在 while 循环中,通过 Scanner 工具类变量 sc 来提取从键盘输入的数据就可以了。从 Scanner 工具类变量 sc 中提取键盘输入的数据的方法就像下面这样。

```
String input = sc.nextLine();
```

是的,我们通过 sc.nextLine() 来提取键盘输入的数据,并把提取的数据存储在字符串型变量 input 中。至此,我们已经可以通过代码来接收键盘输入的数据了。

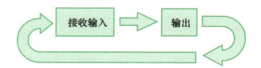

下面是一个获取从键盘输入的数据并让电脑输出这个数据的完整代码。

```java
import java.util.Scanner; // 引入 Scanner 工具类

public class Input    // 我们自己定义的程序类
{
    public static void input()  // 我们自己定义的程序方法
    {
        // 开始使用 Scanner 工具类
        Scanner sc = new Scanner(System.in);
        // 用 while 循环判断是否有新的输入
        while (sc.hasNextLine())
        {
            // 获取从键盘输入的数据
            String input = sc.nextLine();
            // 输出从键盘输入的数据
            System.out.println(input);
```

```
        }
    }
}
```

当你在电脑中运行上面这个程序后，会看到BlueJ中的输出窗口和之前不一样，在它最下面还有一个让你输入数据的地方，就像下图这样。

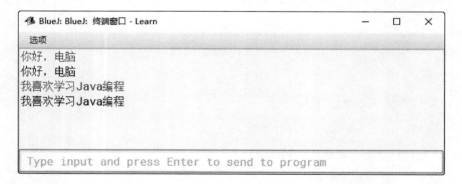

没错，BlueJ在程序运行窗口最下面出现了一个可以输入的输入框，并用蓝色强调显示。在输入框中有一串英文，翻译成中文的意思是"可以在这里输入，并且通过Enter键把输入的数据传送给程序"。

你可以试着输入一些字符串，看看电脑是不是可以打印出结果。

当你每次在输入框输入一些字符并按Enter键后，电脑都会显示两遍你输入的字。

其中蓝色的字并不是程序处理的结果，只是电脑告诉你，你输入的字是这些蓝色的字。而蓝色字下面的黑色字，就是程序中输出语句执行的结果。程序把从键盘输入的文字又原样输出一遍。

上面的代码会一直执行，一直等待你从输入框输入。所以，要想停止这个程序，可能要重启电脑。

第 10 节　电脑机器人

在前面两节中，我们学习了一种新的数据类型——字符串型。同时，也学习了一种让电脑一直等待我们从键盘输入数据的办法。

本节我们来让电脑变成一个简单的人工智能机器人吧。我们通过键盘输入一些文字，让电脑自己判断我输入的内容，并根据输入的内容给我回话。

下面是我们为电脑制定的一个对话脚本。

我：你好

电脑：你好

我：你是谁

电脑：我是电脑

我：你几岁了

电脑：我不知道

我：再见

电脑：再见

电脑通过这个对话脚本，根据我输入的内容来给我对应的输出。比如，当我通过键盘输入"你几岁了"这句话时，电脑应该对应给我回话"我不知道"。同样，当我通过键盘输入"你是谁"这句话时，电脑应该对应给我回话"我是电脑"。

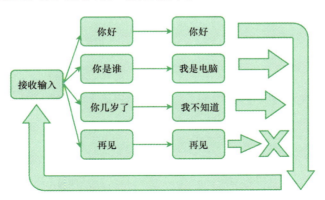

也许你会问,我已经知道怎么让电脑接收键盘输入了,但是电脑要怎么判断我输入的话是什么呢?比如当我从键盘输入"你几岁了"这句话时,电脑要怎么判断我输入的是这几个字呢?

请想一下,我们在第 9 节中已经知道,我们可以把从键盘输入的字符作为字符串存储在变量中,而我们只需要判断变量中的数据是不是我们预定义的字符串就可以了。

那么,怎么判断两个字符串相同呢?是用"=="号吗?不是的,判断两个字符串相同用"=="是不可以的,而是要用一种特殊的判断方法,就像下面这样。

```
String input = "你几岁了";
boolean a = input.equals("你几岁了")
```

相等运算符(==)只能判断基本类型的数据是否相等。不是基本数据类型的数据都不能直接使用"=="运算符来判断其是否相等。

在上面的代码中,我们用判断字符串"相等"的方法,判断字符串变量 input 的内容是不是"你几岁了"这几个字。

提示

在 java 语言中,判断两个字符串是否相同,不可以用"= ="。

我们已经知道了怎么让电脑在程序运行时接收键盘的输入,同时也知道了怎么让电脑判断我们的输入内容是什么。那现在你知道怎么让电脑变成人工智能机器人了吗?知道怎么让电脑按我们设计的脚本和自己对话了吗?

下面是完整的程序代码。

```java
import java.util.Scanner;  // 引入 Scanner 工具类


public class Input2  // 我们自己定义的程序类
{
    public static void input2()  // 我们自己定义的程序方法
    {
        // 开始使用 Scanner 工具类
        Scanner sc = new Scanner(System.in);
```

```
        // 用 while 循环判断是否有新的输入
        while (sc.hasNextLine())
    {
            // 获取从键盘输入的数据
            String input = sc.nextLine();
            if(input.equals(" 你好 "))   // 如果键盘输入"你好",电脑对应的回话
            {
                System.out.println(" 你好 ");
            }
        else if(input.equals(" 再见 "))  // 如果键盘输入"再见",电脑对应的回话
            {
                System.out.println(" 再见 ");
                return;
            }
        else if(input.equals(" 你是谁 "))  // 如果键盘输入"你是谁",电脑对应的回话
            {
                System.out.println(" 我是电脑 ");
            }
        else if(input.equals(" 你几岁了 ")) // 如果键盘输入"你几岁了",电脑对应的回话
            {
                System.out.println(" 我不知道 ");
            }
        }
    }
}
```

在上面代码中,当我们从键盘输入"再见"两个字时,电脑在对应回复我"再见"后,使用了一个新的指令,像下面这样。

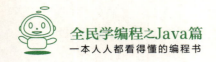

return;

提示

在Java语言中，return指令代表直接结束整个程序方法，无论循环是否达到结束条件。

所以在上面的程序代码中，当我们从键盘输入"再见"两个字时，电脑在对应回复我"再见"，然后用return指令来直接结束程序。

快在你的电脑中运行一下，试试看吧。

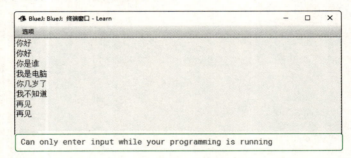

第 6 章
开始编写自己的程序

第 1 节　计算自幂数程序

在数学中，有一种奇特的数字。比如 153 这个数，它是一个 3 位数，我们发现，它每一位上的数字的 3 次幂之和就是这个数本身，也就是 1×1×1+5×5×5+3×3×3=153。再比如 1634 是一个 4 位数，它的每一位的上的数字的 4 次幂之和也是这个数本身，也就是 1×1×1×1+6×6×6×6+3×3×3×3+4×4×4×4=1634。我们把这种奇特的数字，叫作自幂数，也叫作自恋数。

自幂数是指一个 n 位数，它的每个位上的数字的 n 次幂之和等于它本身。而且，我们还给不同的自幂数取了各种有趣的名字。

提示

n 为 1 的自幂数被称为独身数。显然，1 位数的数都是自幂数。

n 为 2 没有自幂数。

n 为 3 的自幂数被称为水仙花数。

n 为 4 的自幂数被称为四叶玫瑰数。

n 为 5 的自幂数被称为五角星数。

n 为 6 的自幂数被称为六合数。

n 为 7 的自幂数被称为北斗七星数。

n 为 8 的自幂数被称为八仙数。

n 为 9 的自幂数被称为九九重阳。

n 为 10 的自幂数被称为十全十美数。

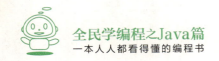

根据上面自幂数的计算规则,我们要判断一个数是不是自幂数,需要首先判断这个数是几位数。还记得判断一个数是几位数的办法是什么吗?没错,我们只要判断这个数除以10多少次等于0就可以了。除以10的次数就是这个数的位数。

那我们如何知道这个数字每一位上的数字是多少呢?我们之前已经学习过了,用10取余就可以得到这个数个位上的数字。先将其除以10,将得到的结果再用10取余就可以得到这个数十位上的数字。依此类推,我们就可以得到这个数每一位上的数字了。

最后,我们要计算每一位上的数字的 n 次方的结果,这个 n 就是我们计算出的数字的位数。怎么计算一个数的 n 次方,还记得吗?就像下面这样。

Math.pow(a,n);

使用 Java 内置的数学方法就可以了。

最后,计算这个数每个数字的 n 次方的结果并相加。如果相加的结果正好等于这个数本身,那么这个数就是自幂数。

那么现在我们就来让电脑帮我们计算出所有的自幂数吧。为了不让电脑计算太久,我们只找出所有7位数以内的自幂数。

```java
/**
 * 找到所有7位数以内的全部自幂数
 */
public static void zimi()
{
    /**
     * for 循环定义整数型变量 i,并初始化它的值为 0
     * for 循环布尔表达式条件为 i < 9999999
     * for 循环变量更新为 i++
     * for 循环依次数从 0 到 9999999 的所有数
     */
    for(int i = 0 ; i <=9999999 ; i ++)
    {
        // 变量 b 用来做除 10 计算
```

```
        int b = i;
        // 变量 d 用来计算数字 i 的位数
        int d = 0;
        //0 是自幂数，但不适用于后面的计算方法，单独处理
        if(b == 0 )
        {
            System.out.println(" 找到自幂数 0");
        }
        else
        {
            // 通过 while 循环计算 i 的位数
            while(b > 0)
            {
                b = b/10;
                d ++;
            }
            // 变量 c 用来做再一次除 10 循环
            int c = i;
            // 变量 e 用来保存自幂运算的结果
            double e = 0;
            // 通过 while 循环计算 i 的自幂运算结果
            while(c > 0)
            {
                // 用 Java 内置方法计算自幂结果
                e= e + Math.pow(c%10,d);
                c = c/10;
            }
            // 如果自幂运算的结果和 i 相等，则 i 是自幂数
```

```
            if(e == i)
            {
                System.out.println(" 找到自幂数 "+ i );
            }
        }
    }
}
```

下面是我的运行结果。

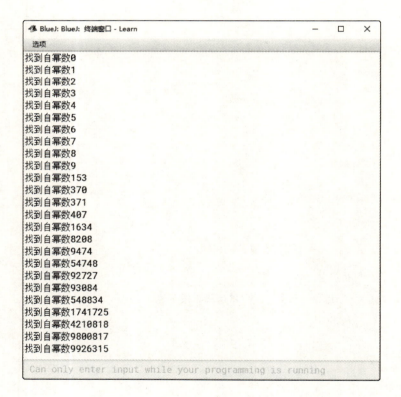

第 2 节 计算学生平均成绩程序

假如，你是一位老师，你可能需要一个计算学生平均成绩程序。

计算学生平均成绩程序，应该能自动接收键盘输入的学生成绩，并自动累计所有已输入的学生成绩总和。同时能自动计数已经输入的学生成绩个数，并通过学生成绩总和和成绩个数来计算平均成绩。最后这个程序应该还有退出程序功能。

我们用 Scanner 工具类来处理键盘输入。还记得我们之前学习过的 Scanner 工具类是怎么用的吗？

```
// 开始使用 Scanner 工具类
Scanner sc = new Scanner(System.in);
// 用 while 循环判断是否有新的输入
while (sc.hasNextLine())
{
    // 获取从键盘输入的数据
    String input = sc.nextLine();
}
```

但用这种键盘输入的办法，电脑只能接收字符串类型的数据。而我们知道，字符串是不能进行加法运算的。所以我们要用 Scanner 工具类接收整数型数据的写法，就像下面这样。

```
// 开始使用 Scanner 工具类
    Scanner sc = new Scanner(System.in);
// 用 while 循环判断是否有新的输入
    while (sc.hasNext())
    {
        // 通过 Scanner 工具类的 nextInt () 方法使程序只接收数字型的输入
        int a = sc.nextInt();
    }
}
```

在上面代码中，我们用一个新的 Scanner 工具类方法，来使电脑只接收整数型数据。

　int a = sc.nextInt();

当我们从键盘输入的不是整数，而是像前面一样的字符串数据时，电脑会自动忽略输入。

那我的程序要怎么计算平均成绩呢？

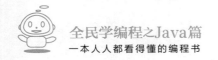

当我们每次从键盘输入一个数字时,我们通过变量自增,让电脑自己计算已经输入了多少个数字(也就是多少个学生的成绩)。

同时,当我们每次从键盘输入一个数字时,我们通过变量累加,让电脑知道学生总成绩是多少。

那么要计算学生平均成绩,只需要用学生总成绩除以学生数就可以啦!

现在结合我们前面的内容,你会自己做一个计算学生平均成绩程序了吗?

下面是我计算学生平均成绩的完整代码。

```
/**
 * 计算学生平均成绩程序
 * 能自动接收从键盘输入的学生成绩,并自动累计所有已输入的学生成绩总和
 * 能自动计数已经输入的学生成绩个数,并通过学生成绩总和和成绩个数计算平均成绩
 * 具有退出程序功能
 */
import java.util.Scanner;
public class ChengJi
{
    public static void chengJi()
    {
// 开始使用 Scanner 工具类
        Scanner sc = new Scanner(System.in);
        System.out.print("请输入学生的成绩:");
        // 定义并初始化变量记录成绩总和
        int all = 0;
        // 定义并初始化变量记录成绩个数
        int count = 0;
        while (sc.hasNext())
        {
```

```java
// 通过 Scanner 工具类的 nextInt（）方法，使程序只接收数字型的输入
int a = sc.nextInt();
// 只计算输入的学生成绩大于等于 0 分的情况
if (a >= 0)
{
    // 在有新的学生成绩输入时，成绩个数自增
    count++;
    // 输出输入了第几个学生成绩和输入的成绩数
    System.out.println("你已经输入的第" + count + "个学生的成绩是" + a);
    // 记录成绩总和
    all = all + a;
    // 用成绩总和除以成绩个数计算平均分
    double c = all / count;
    // 输出共输入了多个个学生的成绩并计算出平均成绩
    System.out.println("你输入的" + count + "个学生的平均成绩是" + c);
}
// 当输入的学生成绩不是大于等于 0 分时，退出程序
else
{
    return;
}
System.out.print("请输入学生的成绩：");
        }
    }
}
```

下面是程序运行后的结果。

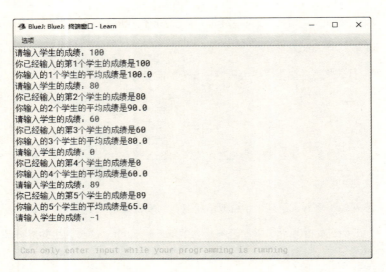

第3节　收银柜台收款程序

假如你是一位超市的收银员，你可能需要一个超市收银柜台的收款程序。

收款程序应该能自动接收从键盘输入的商品价格，并自动累加商品总价。同时，收款程序应该还有归零和退出程序的功能。

我们先来为这个程序设计一个执行流程。

电脑开始接收从键盘输入的数字。

当从键盘输入的数字是 −1 时，程序结束。

当从键盘输入的数字是 0 时，商品总价清零。

当从键盘输入的数字是其他正整数的商品单价时，电脑自动输出累加的商品总价。

结合前面的内容，你会自己做一个收银柜台收款程序吗？下面是我的收款程序的完整代码。

```
/**
 *  收银柜台收款程序
 *  能自动接收键盘输入的商品价格，并自动累加商品总价
 *  具有归零和退出程序功能
```

```java
*/
import java.util.Scanner;
public class ShouYin
{
    public static void shouyin()
    {
        Scanner sc = new Scanner(System.in);
        // 记录商品总价
        int count = 0;
        while (sc.hasNext())
        {
            // 通过 Scanner 工具类的 nextInt（）方法，使程序只接收数字型的输入
            int in = sc.nextInt();
            // 如果从键盘输入数字 0，则商品总价自动归零
            if (in == 0)
            {
                count = 0;
                System.out.println(" 价格合计归零 ");
            }
            else if (in == -1)
            {
                // 如果从键盘输入数字 -1，则退出程序
                return;
            }
            else
            {
                System.out.println(" 输入的商品价格为： " + in);
```

```
            // 累计商品总价
            count = count + in;
            System.out.println(" 单前价格合计为： " + count + "元 ");
        }
        System.out.print(" 请输入商品价格： ");
      }
    }
}
```

下面是这个程序运行后的结果。

第 4 节　计算个人所得税程序

纳税是每个公民的义务，无论你从事什么职业，你都需要依法纳税。

我国现行的（2019 年）个人所得税纳税标准是下面这样。

个人所得税免征额为 5000 元。

月度工资收入 5000 元以内的，税率为 0。

月度工资收入在 5001 ~ 3000 元之间的部分，税率为 3%。

月度工资收入在 8001 ~ 17000 元之间的部分，税率为 10%。

月度工资收入在 17001 ~ 30000 元之间的部分，税率为 20%。

月度工资收入在 30001 ~ 40000 元之间的部分，税率为 25%。

月度工资收入在 40001 ~ 60000 元之间的部分，税率为 30%。

月度工资收入在 60001 ~ 85000 元之间的部分，税率为 35%。

月度工资收入 85001 元以上的部分，税率为 45%。

按照上面的个人所得税计算办法，就可以计算出月度工资收入应纳税额。

比如，月度工资收入为 6000 元，按照上面的计算办法，应纳税额为：（6000 元 -5000 元）× 0.03=30 元。

比如，月度工资收入为 9000 元，按照上面的计算办法，应纳税额为：（9000 元 -5000 元）× 0.1= 400 元。

现在，你可以根据上面的个人所得税计算办法写一个让电脑自动计算出应纳税额的程序吗？

你的计算个人所得税程序，应该能自动接收从键盘输入的员工税前工资，并根据个人所得税征收标准及税率自动计算应缴纳的个人所得税额。同时，该程序应该还有退出程序的功能。

a＞85000	(a-5000)×45%
a≥60000 && a≤85000	(a-5000)×35%
a＞40000 && a≤60000	(a-5000)×30%
a＞30000 && a≤40000	(a-5000)×25%
a＞17000 && a≤30000	(a-5000)×20%
a＞8000 && a≤17000	(a-5000)×10%
a＞5000 && a≤8000	(a-5000)×3%
a≤5000	0

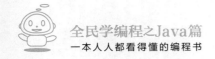

结合前面的内容，你会自己做一个计算个人所得税的程序吗？下面是我的计算个人所得税程序的完整代码。

```java
/**
 * 计算个人所得税程序
 * 能自动接收从键盘输入的税前工资总额
 * 根据个人所得税征收标准及税率自动计算应缴纳的个人所得税额
 * 具有退出程序功能
 */
import java.util.Scanner;
public class SuoDeShui
{
    public static void suoDeShui()
    {
        Scanner sc = new Scanner(System.in);
        System.out.print("请输入税前工资总额（单位：元）：");
        while (sc.hasNext())
        {
            // 通过 Scanner 工具类的 nextInt（ ）方法，使程序只接收数字型的输入
            int a = sc.nextInt();
            // 如果从键盘输入数字 0，则退出程序
            if (a == 0)
            {
                return;
            }
            // 按个人所得税起征点 5000 元，计算应纳税额部分
            int b = a - 5000;
            if (b <= 0)
```

```
{
    // 当应纳税额小于等于 0 时，免征个人所得税
    System.out.println("你的税前工资总额未达到起征点，免征个人所得税！ ");
}
else if (b > 0 && b <= 3000)
{
    // 当应纳税额小于等于 3000 元时，税率为 3%
    double c = b * 0.03;
    System.out.println("你的税前工资为:" + a + "元，应纳个人所得税为:" + c + "元");
}
else if (b > 3000 && b <= 12000)
{
    // 当应纳税额小于等于 12000 元时，税率为 10%
    double c = b * 0.1;
    System.out.println("你的税前工资为:" + a + "元，应纳个人所得税为:" + c + "元");
}
else if (b > 12000 && b <= 25000)
{
    // 当应纳税额小于等于 25000 元时，税率为 20%
    double c = b * 0.2;
    System.out.println("你的税前工资为:" + a + "元，应纳个人所得税为:" + c + "元");
}
else if (b > 25000 && b <= 35000)
{
    // 当应纳税额小于等于 35000 元时，税率为 25%
    double c = b * 0.25;
    System.out.println("你的税前工资为:" + a + "元，应纳个人所得税为:" + c + "元");
```

```java
            }
            else if (b > 35000 && b <= 55000)
            {
                // 当应纳税额小于等于 55000 元时，税率为 30%
                double c = b * 0.3;
                System.out.println("你的税前工资为：" + a + "元，应纳个人所得税为：" + c + "元");
            }
            else if (b > 55000 && b <= 80000)
            {
                // 当应纳税额小于等于 80000 元时，税率为 35%
                double c = b * 0.35;
                System.out.println("你的税前工资为：" + a + "元，应纳个人所得税为：" + c + "元");
            }
            else if (b > 80000)
            {
                // 当应纳税额大于 80000 元时，税率为 45%
                double c = b * 0.45;
                System.out.println("你的税前工资为：" + a + "元，应纳个人所得税为：" + c + "元");
            }
            System.out.print("请输入税前工资总额（单位：元）：");
        }
    }
}
```

下面是这个程序运行后的结果。

```
BlueJ: BlueJ: 终端窗口 - Learn
选项
请输入税前工资总额（单位：元）：3500
你的税前工资总额未达到起征点，免征人个所得税！
请输入税前工资总额（单位：元）：5000
你的税前工资总额未达到起征点，免征人个所得税！
请输入税前工资总额（单位：元）：5800
你的税前工资为：5800元，应纳个人所得税为：24.0元
请输入税前工资总额（单位：元）：9600
你的税前工资为：9600元，应纳个人所得税为：460.0元
请输入税前工资总额（单位：元）：16000
你的税前工资为：16000元，应纳个人所得税为：1100.0元
请输入税前工资总额（单位：元）：0

Can only enter input while your programming is running
```

第 5 节　验证哥德巴赫猜想程序

讲一个有趣的数学小故事。著名的德国数学家哥德巴赫，在 1742 年给瑞士数学家欧拉的信中出了以下猜想：任意一个大于 2 的偶数都可写成两个质数的和。但是哥德巴赫自己无法证明它，于是就写信请教赫赫有名的大数学家欧拉帮忙证明，但是一直到死，欧拉也无法证明。

而哥德巴赫提出的这个猜想，就是数学界有名的哥德巴赫猜想问题。到目前为止，数学界依然没有能彻底证明哥德巴赫猜想。

当然，我们也不是数学家，也无法证明哥德巴赫猜想，但是我们可以用电脑帮我们用任意的整数来验证这个猜想是否成立。

注意，我们这里是验证不是证明哦！验证是用数字代入来证明猜想成立，而证明是需要理论推导的。

我们可以从键盘输入任意一个大于 2 的偶数，让电脑来帮我们找出两个质数，并且这两个质数的和是我们输入的这个偶数。

我们先来设计一下这个程序的算法。

从键盘输入一个大于 2 的偶数 a

for 循环定义整数型变量 t，并初始化它的值为 2

用 for 循环的布尔表达式条件为 t < a/2

for 循环的变量更新为 t++

循环判断 t 是否为质数:

- 如果 t 为质数，则判断 a-t 是否为质数
- 如果 a-t 为质数，则输出 t 和 a-t 的值

我们在第 4 节中已经学会了怎么让电脑帮我们判断一个数是否为质数，所以在上面的算法设计中，我们省略了质数判断的过程。你可以自己试着在上面的算法中加入详细的判断质数的算法设计。

在上面的算法中，我们把输入的偶数拆分成了 t 和 a-t 两个数，t 的取值范围是 2～a/2。因为最小的质数是 2，所以 for 循环的起始条件是 t 等于 2，那么 a-t 也就是 a-2。而当 t 大于 a/2 时，等于交换了当 t 小于 a/2 时的 t 和 a-t 的值。所以我们设计循环的条件是 t<a/2。

然后，我们分别判断 t 和 a-t 是否都是质数。如果 t 和 a-t 都是质数，那么我们就找到了这个质数的和是我们输入的偶数 t。

我们现在验证一下这个算法是不是可以验证哥德巴赫猜想。

假如，我们从键盘输入的数字是 8，8 是一个大于 2 的偶数，符合哥德巴赫猜想的前提条件。那么上面算法中 a 的值为 8。那么在上述算法中 for 循环 t 的取值会是 2、3。a-t 的取值就是 6、5。我们可以看到 3 是质数，5 也是质数，所以我们就找到了一组质数 3 和 5，并且它们的和是 8。

算法验证成功，下面是我的代码。

```java
public static void gdbhcx(int a)
{
    /**
     * 用 for 循环定义整数型变量 t，并初始化它的值为 2
     * for 循环的布尔表达式条件为 t < a/2
     * 将 for 循环的变量更新为 t++
     */
    for(int t = 2; t < a/2 ; t ++){
        /**
```

```
         * 循环判断 t 是否为质数
         */
        for(int i = 2 ; i < t ; i ++){
            if(t % i == 0)   // 循环判断 a% i== 0 是否为真
                System.out.println(t+" 不是质数 ");    // 如果为真，则 t 不是质数
                break; // 循环提前结束
            }
            // 循环没有提前结束，也就是当循环执行完 i=t-1 时的判断后 t 是质数
            if(i == t - 1){
                System.out.println(t+" 是质数 ");
                /**
                 * 循环判断 a-t 是否为质数
                 */
                for(int j = 2 ; j < (a - t) ; j ++){
                    if((a - t) % j == 0){   // 循环判断 (a-t) % j== 0 是否为真
                        System.out.println(t+" 不是质数 ");    // 如果为真，则 a 不是质数
                        break; // 循环提前结束
                    }
                    // 循环没有提前结束，也就是当循环执行完 j=(a-t) -1 时的判断后 a 是质数
                    if(j == (a - t) - 1){
                        System.out.println(a - t+" 是质数 ");
                        System.out.println(" 找到两个质数分别是 " + t + " 和 " + ( a- t) + " 的和是 " + a);
                        return;
                    }
                }
            }
        }
```

```
        }
    }
}
```

在你的电脑中试试看吧。

第 6 节　计算员工奖金提成程序

假如，你是一位企业管理者，你可能需要一个计算员工奖金提成的程序。

你的企业是根据利润发放的奖金提成，你的奖金提成计算办法可能像下面这样。

当本年度利润低于或等于 10 万元时，奖金提成为利润额的 10%；

当本年度利润在 20 万元以内时，高于 10 万元的部分，奖金提成为利润额的 7.5%；

当本年度利润在 40 万元以内时，高于 20 万元的部分，奖金提成为利润额的 5%；

当本年度利润在 60 万元以内时，高于 40 万元的部分，奖金提成为利润额的 3%；

当本年度利润在 100 万元以内时，高于 60 万元的部分，奖金提成为利润额的 1.5%；

当本年度利润高于 100 万元时，超过 100 万元的部分按 1% 提成。

在上面的规则中，奖金提成会依次累加。

比如，本年度的利润是 100 万元，那么奖金提成的计算就是像下面这样累加。

先计算 10 万元部分，奖金提成为 10 万元 ×0.1，也就是 1 万元；

再计算 10 万元到 20 万元部分，奖金提成为（20-10）万元 ×0.075，也就是 0.75 万元；

再计算 20 万元到 40 万元部分，奖金提成为（40-20）万元 ×0.05，也就是 1 万元；

再计算 40 万元到 60 万元部分，奖金提成为（60-40）万元 ×0.03，也就是 0.6 万元；

再计算 60 万元到 100 万元部分，奖金提成为（100-60）万元 ×0.0015，也就是 0.6 万元；

最后依次累加总提成，1 万元 +0.75 万元 +1 万元 +0.6 万元 +0.6 万元 =3.95 万元。

按照上面的计算过程，当本年度的利润是 100 万元时，应发奖金提成为 3.95 万元。

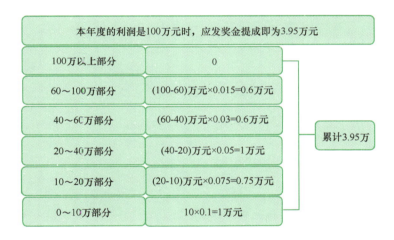

我们的程序可以接收从键盘输入的本年度利润值（一个大于 0 的整数），并根据上面的计算方法依次累加出应发奖金的数额。这个程序你会写吗？

下面是我根据上面的计算规则写的一个计算员工奖金提成的程序。

```
import java.util.Scanner;
public class JiangJin
{
    public static void jiangJin() {
        Scanner sc = new Scanner(System.in);
        System.out.print("本年度利润额（万元）: ");
```

```java
double all = 0.0d;
while (sc.hasNext())
{
    int a = sc.nextInt();
    while (a > 0)
    {
        if (a > 100)
        {
            all = all + (a - 100) * 0.01;
            a = 100;
        }
        else if (a <= 100 && a > 60)
        {
            all = all + (a - 60) * 0.015;
            a = 60;
        }
        else if (a <= 60 && a > 40)
        {
            all = all + (a - 40) * 0.03;
            a = 40;
        }
        else if (a <= 40 && a > 20)
        {
            all = all + (a - 20) * 0.05;
            a = 20;
        }
        else if (a <= 20 && a > 10)
        {
            all = all + (a - 10) * 0.075;
```

```
                a = 10;
            }
            else if (a <= 10)
            {
                all = all + a * 0.1;
                a = a - 10;
            }
        }
        System.out.print("本年度应得奖金提成为（万元）: " + all);
        return;
    }
}
```

下面是程序运行后的结果。

```
本年度利润额(万元): 100
本年度应得奖金提成为(万元): 3.95
```

附录 A
Java 运算符优先级列表

优先级	运算符	简介	结合性
1	[ ]、.、( )	方法调用，属性获取	从左向右
2	!、~、++、--	一元运算符	从右向左
3	*、/、%	乘、除、取模（余数）	从左向右
4	+、-	加减法	从左向右
5	<<、>>、>>>	左位移、右位移、无符号右移	从左向右
6	<、<=、>、>=	小于、小于等于、大于、大于等于	从左向右
7	==、!=	等于、不等于	从左向右
8	&	按位"与"	从左向右
9	^	按位"异或"	从左向右
10	|	按位"或"	从左向右
11	&&	短路与	从左向右
12	||	短路或	从左向右
13	?:	条件运算符	从右向左
14	=、+=、-=、*=、/=、%=、&=、|=、^=、<、<=、>、>=、>>=	混合赋值运算符	从右向左

附录 B　Java 关键字及其含义

关　键　字	含　义
abstract	表明类或者成员方法具有抽象属性
assert	断言，用来进行程序调试
boolean	基本数据类型之一，布尔类型
break	提前跳出一个块
byte	基本数据类型之一，字节类型
case	用在 switch 语句之中，表示其中的一个分支
catch	用在异常处理中，用来捕捉异常
char	基本数据类型之一，字符类型
class	声明一个类
const	保留关键字，没有具体含义
continue	回到一个块的开始处
default	默认。例如，用在 switch 语句中，表明一个默认的分支
do	用在 do…while 循环结构中
double	基本数据类型之一，双精度浮点数类型
else	用在条件语句中，表明当条件不成立时的分支
enum	枚举
extends	表明一个类型是另一个类型的子类型，这里常见的类型有类和接口
final	用来说明最终属性，表明一个类不能派生出子类，或者成员方法不能被覆盖，或者成员域的值不能被改变，用来定义常量
finally	用于处理异常情况，用来声明一个基本肯定会被执行到的语句块
float	基本数据类型之一，单精度浮点数类型
for	一种循环结构的引导词
goto	保留关键字，没有具体含义
if	条件语句的引导词

续表

关键字	含义
implements	表明一个类实现了给定的接口
import	表明要访问指定的类或包
instanceof	用来测试一个对象是否是指定类型的实例对象
int	基本数据类型之一,整数类型
interface	接口
long	基本数据类型之一,长整数类型
native	用来声明一个方法是由其他计算机语言（如C/C++等）实现的
new	用来创建新实例对象
package	包
private	一种访问控制方式：私用模式
protected	一种访问控制方式：保护模式
public	一种访问控制方式：共用模式
return	从成员方法中返回数据
short	基本数据类型之一,短整数类型
static	表明具有静态属性
strictfp	用来声明FP_strict（单精度或双精度浮点数）表达式
super	表明当前对象的父类型的引用或者父类型的构造方法
switch	分支语句结构的引导词
synchronized	表明一段代码需要同步执行
this	指向当前实例对象的引用
throw	抛出一个异常
throws	声明在当前定义的成员方法中所有需要抛出的异常
transient	声明不用序列化的成员域
try	尝试一个可能抛出异常的程序块
void	声明当前成员方法没有返回值
volatile	表明两个或者多个变量必须同步地发生变化
while	用在循环结构中

———————— 推荐阅读 1 ————————

京东购买二维码

作者：李金洪　书号：978-7-121-34322-3　定价：79.00 元

一本容易非常适合入门的 Python 书

带有视频教程，采用实例来讲解

本书针对 Python 3.5 以上版本，采用"理论＋实践"的形式编写，通过 42 个实例全面而深入地讲解 Python。

书中的实例具有很强的实用性，如爬虫实例、自动化实例、机器学习实战实例、人工智能实例。

全书共分为 4 篇：

第 1 篇，包括了解 Python、配置机器及搭建开发环境、语言规则；

第 2 篇，介绍了 Python 语言的基础操作，包括变量与操作、控制流、函数操作、错误与异常、文件操作；

第 3 篇，介绍了更高级的 Python 语法知识及应用，包括面向对象编程、系统调度编程；

第 4 篇，是前面知识的综合应用，包括爬虫实战、自动化实战、机器学习实战、人工智能实战。

―――― 推荐阅读 2 ――――

京东购买二维码

作者：周德标　　书号：978-7-121-37287-2　　定价：69.00 元

一步步跟着来，可以编出一个对话机器人

带你了解人工智能的原理

本书将带领读者搭建一个真实、完整的对话机器人。这个对话机器人的结构如下：

- 前台采用微信小程序来实现，这是因为微信小程序开发非常简单、门槛低、用户体验好，且便于企业用户将其升级或转为 App。
- 中台采用"Apache Tomcat + Java"来实现，这样可降低读者的学习成本。
- 后台采用最为流行的 TensorFlow 框架来完成对话机器人对话模型的深度学习。

如果读者对这些技术不是太熟悉，也不要紧，只要跟着书中的步骤一步步来，即可得到最终的结果。

为了完成这样一个对话机器人，本书先介绍了人工智能基础、自然语言处理基础、对话机器人相关的深度学习技术，以及对话机器人的实现方法。在搭建完对话机器人后，还介绍了各种应用场景下，对话机器人扩展功能的实现方式，包括用户意图识别、情感分析、知识图谱等关键技术。本书非常适合作为初学者入门人工智能技术的自学用书。单纯学习人工智能的理论很枯燥，也很难理解，而在实战中学习，则有趣得多，也容易理解。